2022年
全国优秀决策气象服务材料汇编

主　编：李坤玉
副主编：刘淑贤

气象出版社
China Meteorological Press

内 容 简 介

本书共收录了 2022 年重大灾害性天气过程预报服务、天气气候监测评估与预测、生态环境保护、农业气象决策服务、防灾减灾体系建设及其他 5 大类 39 篇国家级和省级、市级优秀决策气象服务材料。为了提高入选材料的质量,本书在编辑过程中,经过各级气象部门逐级上报、专家评选、修订、校对等多个环节,力争达到更好的应用效果,供全国气象服务工作者参考和借鉴。希望本书对加强决策气象服务人员交流、启发和拓展气象服务思路,提高气象服务的敏感性、针对性和科学性等方面具有更好的借鉴和指导意义。

图书在版编目（CIP）数据

2022 年全国优秀决策气象服务材料汇编 / 李坤玉主编. -- 北京：气象出版社，2023.11
ISBN 978-7-5029-8105-1

Ⅰ. ①2… Ⅱ. ①李… Ⅲ. ①气象服务－决策学－中国－2022 Ⅳ. ①P49

中国国家版本馆CIP数据核字(2023)第222968号

2022 年全国优秀决策气象服务材料汇编

2022 Nian Quanguo Youxiu Juece Qixiang Fuwu Cailiao Huibian

出版发行：	气象出版社		
地　　址：	北京市海淀区中关村南大街 46 号	邮政编码：	100081
电　　话：	010-68407112（总编室）　010-68408042（发行部）		
网　　址：	http://www.qxcbs.com	E-mail：	qxcbs@cma.gov.cn
责任编辑：	陈　红	终　　审：	张　斌
责任校对：	张硕杰	责任技编：	赵相宁
封面设计：	地大彩印设计中心		
印　　刷：	北京建宏印刷有限公司		
开　　本：	787 mm×1092 mm　1/16	印　　张：	10.25
字　　数：	262 千字		
版　　次：	2023 年 11 月第 1 版	印　　次：	2023 年 11 月第 1 次印刷
定　　价：	90.00 元		

本书如存在文字不清、漏印以及缺页、倒页、脱页等,请与本社发行部联系调换。

《2022年全国优秀决策气象服务材料汇编》编写组

主　　编：李坤玉

副 主 编：刘淑贤

参编人员（按姓氏笔画排序）：

　　　　　王秀荣　王维国　艾婉秀　张立生

　　　　　张建忠　陈　峪　杨　琨

前　言

2022年，我国气候状况总体偏差，全国平均气温为1951年以来历史次高，平均降水量为2012年以来最少，旱涝灾害明显，灾害性天气气候事件频发。一是南方夏秋连旱影响重，区域性和阶段性干旱明显；二是夏季中东部出现1961年以来最强高温天气过程，超过360个国家气象观测站日最高气温，达到或突破历史极值；三是华南、东北雨涝灾害重，珠江流域和松辽流域出现汛情；四是台风登陆偏少，2212号台风"梅花"4次登陆，创1949年以来秋季台风登陆地的最北纪录；五是寒潮过程明显偏多，影响范围广。

面对复杂的天气气候形势，各级气象部门牢固树立大局意识、责任意识和服务意识，不断提高气象服务水平和技术能力，圆满完成了暴雨、台风、寒潮、强对流、高温、沙尘、雾、霾等各类灾害性天气气候事件的决策气象服务工作。同时，中国共产党第二十次全国代表大会、北京2022年冬奥会和冬残奥会等重大活动，"3·21"广西藤县东航客机事故、"8·7"四川泸定地震、"8·13"四川彭州龙门山镇山洪、"8·17"青海西宁大通县山洪等重大突发事件，以及川藏铁路重大工程建设等，也是2022年决策气象服务工作的重要组成部分。

为了不断总结前期工作经验，提炼决策气象服务中的内在规律，加强各地、各级气象部门决策气象服务交流，提高决策气象服务业务能力，编者在参加评选的86篇国家级和省级、市级决策气象服务材料中，遴选出39篇优秀决策气象服务材料，汇编成此书。

该汇编共涉及重大灾害性天气过程预报服务、天气气候监测评估与预测、生态环境保护、农业气象决策服务、防灾减灾体系建设及其他5大类决策气象服务材料。材料汇编过程中，得到了国家气象中心、国家气候中心、国家卫星气象中心、国家气象信息中心、中国气象局数值预报中心、中国气象局气象探测中心、中国气象局公共气象服务中心和各省级、市级气象局的大力支持，在此一并表示感谢！

中国气象局决策气象服务中心

目 录

前 言

第一篇　重大灾害性天气过程预报服务

极端寒潮暴风雪袭击美国,致交通瘫痪和大面积停电,我国也需警惕全球变暖背景下
　　频发的极端灾害性天气 ……………………………………………………………………… 3
"龙舟水"结束,华南降雨量为历史第二,洪涝和地质灾害有滞后性,需继续做好防御 …… 8
未来10天华西地区由持续高温转为多雨期,陕西甘肃四川重庆等地谨防旱涝急转,做
　　好暴雨灾害防御 ……………………………………………………………………………… 12
3月16—17日,南方出现2022年首次区域性强对流天气过程,19—22日南方仍将有
　　强对流天气 …………………………………………………………………………………… 14
18日午后至19日白天,辽宁省东南部和西南部地区有暴雨,局部有大暴雨,需警惕强
　　降雨叠加效应,做好次生灾害防御 ………………………………………………………… 16
10日夜间至13日,黑龙江省大部有雨雪、降温、大风天气,东南部部分地区有中到大雪,
　　局地暴雪 ……………………………………………………………………………………… 21
第12号台风"梅花"将给江苏省带来明显风雨影响 ……………………………………… 24
5—15日福建省将出现持续性强降水,需加强山洪地质灾害防御和中小河流防汛 ……… 26
未来10天,江西省旱情持续发展,冷空气和大风将给森林防火带来不利影响 …………… 29
6月17—20日,永郴衡株及怀邵南部、长沙东部有持续性暴雨、大暴雨,致灾风险高 …… 31
孟加拉湾气旋风暴"西特朗"气象保障服务 ………………………………………………… 34

第二篇　天气气候监测评估与预测

6月以来,全国高温日数为历史同期最多,极端性强,未来两周高温仍将持续,2022年高
　　温将为1961年来最强 ……………………………………………………………………… 39
2022年夏季,我国中东部高温事件综合强度居历史第一,亟须加强应对气候变化和极端
　　事件风险能力 ………………………………………………………………………………… 44
2022年汛期全国气候趋势及主要气象灾害滚动预测意见 ………………………………… 47
预计2022冬季,北方部分地区气温偏低,供暖压力较大,南方地区受持续干旱影响,电力

供应压力大 ……………………………………………………………………………… 50
全球气候变暖背景下安徽省极端高温发生频率和强度均呈上升趋势,亟须加强应对气候
　　变化和极端事件风险能力 ………………………………………………………………… 52
2022年极端"龙舟水"已结束,洪涝和地质灾害有滞后性,仍需做好防御 …………………… 55
拉尼娜事件仍将持续,需防范秋季极端天气 …………………………………………………… 59
四川入汛以来气候特点及秋冬季气候趋势 ……………………………………………………… 62
关于云南省2022年后期天气气候趋势预测的报告 …………………………………………… 67
华西秋雨对青海省秋季降水的影响及后期气候趋势预测 ……………………………………… 69

第三篇　生态环境保护

天津绿色发展助推夏季城市强热岛效应缓解 …………………………………………………… 77
2022年汛期(6—8月)白洋淀生态气象监测评估报告 ………………………………………… 81
内蒙古自治区2018—2020年年均碳排碳汇居全国前列,中西部碳排大,东部碳汇明显 …… 84
党的十八大以来,上海市空气质量改善产生的健康效益评估及未来潜力分析的报告 ……… 87
浙江省臭氧污染"北重南轻、夏高冬低",建议各地实施差异化臭氧污染精准防控 ………… 90
近30年黄河三角洲气候呈暖湿化趋势,生态环境持续向好 ………………………………… 93
长江流域2022年夏季高温干旱对水资源和水电的影响及秋季预测展望 …………………… 97
河池市高海拔地区风能资源属"较好"等级,开发利用潜力较大 …………………………… 103
近期降水对陕西旱情缓解和水资源补给初步分析报告 ……………………………………… 107

第四篇　农业气象决策服务

近期气象条件对夏收夏种农业生产的影响 …………………………………………………… 117
后期低温持续,促熟防灾保丰收 ……………………………………………………………… 121
河南省小麦生产后期农业气象灾害风险分析及对策建议 …………………………………… 123
未来15天高温与干旱叠加,对果品产量和品质将产生不利影响 …………………………… 127
气象助力新疆棉花产量再创历史新高,我国棉花生产提质增效更需趋利避害 …………… 131

第五篇　防灾减灾体系建设及其他

卫星监测汤加洪阿哈阿帕伊火山大规模喷发,需高度关注后续可能引发的极端天气
　　气候事件 ………………………………………………………………………………… 137
中国地面、高空国际交换站现状与世界气象组织基本观测网(GBON)差距分析及建议
　　………………………………………………………………………………………………… 142
我国地球系统模式研究亟待加强 ……………………………………………………………… 147
宁夏避暑旅游气候资源分析与"避暑旅游目的地"和"中国天然氧吧"国家气候标志品牌
　　的创建情况 ……………………………………………………………………………… 150

2022年 全国优秀决策气象服务材料汇编

第一篇

重大灾害性天气过程预报服务

极端寒潮暴风雪袭击美国,致交通瘫痪和大面积停电, 我国也需警惕全球变暖背景下频发的极端灾害性天气

赵慧霞[1] 王维国[1] 向欣[1] 刘扬[1] 李想[2] 张涛[3]

(1.国家气象中心;2.国家气候中心;3.国家气象信息中心 2022 年 12 月 30 日)

摘要: 2022 年 12 月 21—26 日,受极端寒潮和"炸弹气旋"影响,美国大部地区出现剧烈降温,北部和东部多地遭受强烈暴风雪袭击,最低气温跌破历史同期最低值,造成多地交通瘫痪和大面积停电,天然气产供受到影响,并发生重大人员伤亡。我国历史上也曾受到"炸弹气旋"、极端寒潮天气影响。

当前,在全球气候变暖的背景下,各类极端灾害性天气气候事件发生的概率增加、影响增大,我国也需提高警惕,特别是在严冬季节,寒潮低温事件时有发生,一旦与春运交通运输高峰期叠加,产生的影响不可低估。据预测,2023 年春运客流量或将大幅增长。因此,建议在加强灾害性天气影响预警和灾害风险预估工作的同时,坚持以防为主的灾害防御策略,完善自然灾害应急预案,深化部门间应急联动,以提高我国应对极端灾害性天气事件的能力。

一、北美遭受极端寒潮和"炸弹气旋"袭击,美国多地出现极寒冰冻和猛烈暴风雪天气,造成大面积交通瘫痪、居民停电、能源供应受限和重大人员伤亡

2022 年 12 月 21—26 日,正值圣诞节前后,强大的北极冷锋自西向东席卷美国大部地区,并在中东部形成"炸弹气旋"(我国也称为"爆发性温带气旋"),多地出现极寒、冰冻和暴风雪天气。此次极端天气过程具有降温剧烈、低温极端性强、暴风雪猛烈、造成影响严重等特点。

(一)降温剧烈

气象监测数据显示,21—26 日,美国大部地区气温下降 8～12 ℃,西北部和中东部部分地区降温幅度达 15～25 ℃,局地降幅超过 30 ℃(图 1)。

(二)低温极端性强

美国西北部地区最低气温降至 −45～−30 ℃,中部部分地区降至 −30～−20 ℃;总计 834 个气象观测站最低气温跌破历史同期 12 月最低值,占全美气象观测站总数的三成以上;115 个气象观测站跌破历史极端气温最低值(图 1)。

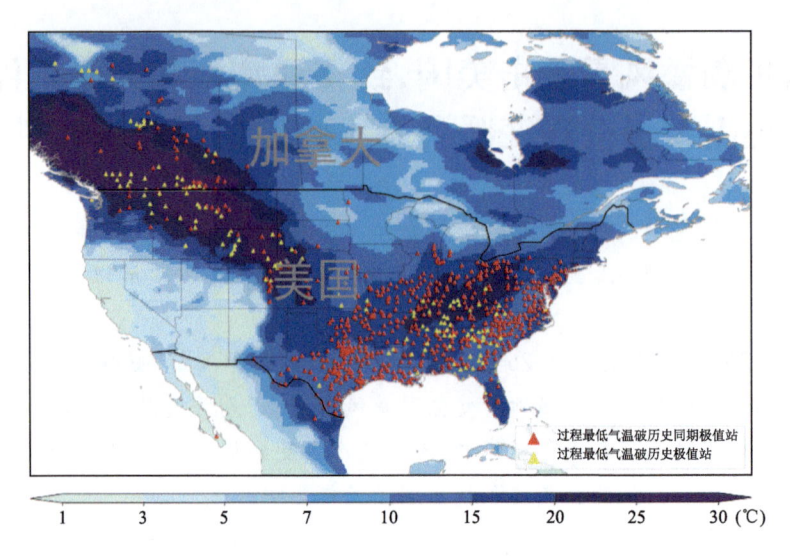

图 1　北美极端寒潮过程最大降温幅度(世界时 12 月 21—26 日)

(三)暴风雪猛烈

美国北部和东部出现暴风雪天气,东部部分地区降大到暴雪、局地特大暴雪(累积降雪量 15~30 毫米,局地达 50 毫米以上,图 2),并伴有 4~6 级、阵风 7~8 级大风,一些公路出现风吹雪和低能见度等恶劣天气;东部 22 个气象观测站日降雪量破历史同期 12 月极值。美国北部出现大范围积雪(图 3),纽约州西部部分地区积雪深度超过 1 米,布法罗局地达 1.2 米。此外,加拿大东南部安大略省和魁北克省等地也遭受到寒潮和暴风雪天气影响。

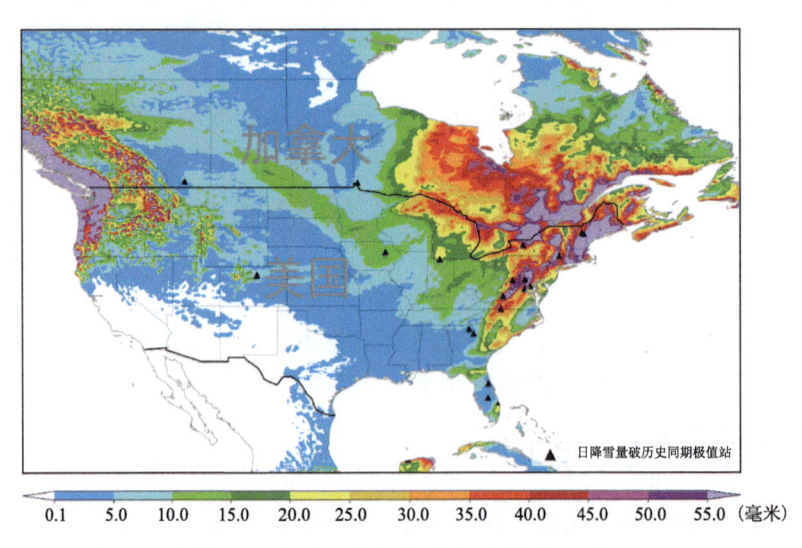

图 2　北美暴风雪天气过程累积降雪量(世界时 12 月 21—26 日)

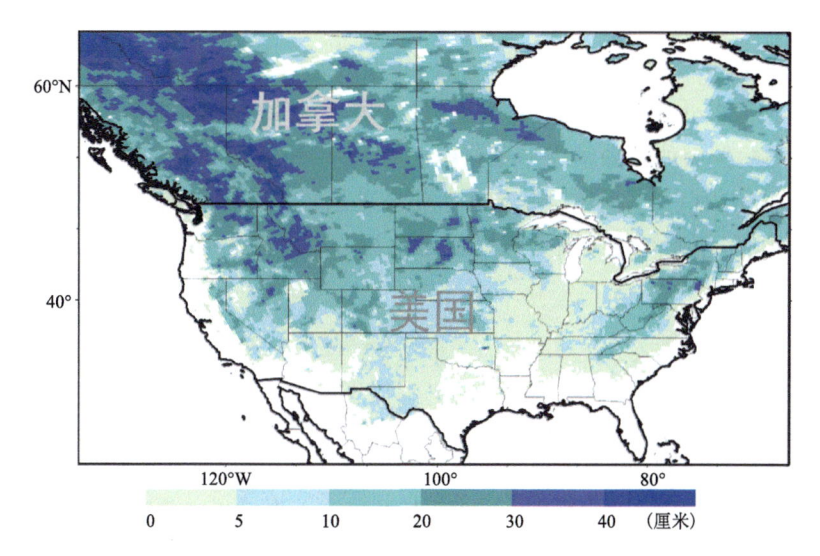

图3　风云三号卫星遥感监测北美积雪深度（世界时12月21—26日）

（四）对交通、电力、能源供应等造成影响严重

据新华网报道，仅23日暴风雪天气就造成美国超过5200架次国际、国内航班取消，7600架次航班延误；美国国家铁路客运公司（Amtrak）也因天气因素，取消了圣诞假期往来中西部地区的数十趟列车班次；俄亥俄州发生50辆车连环相撞，密歇根州9辆大卡车连环相撞。截至25日，美国超过170万居民和商业用户断电。极寒天气还中断了一部分美国石油、天然气和炼厂的生产，德克萨斯州、俄克拉何马州、北达科他州、宾夕法尼亚州等地的油井冻结，美国天然气产量一度降至近9个月的低点。据美国全国广播公司新闻台报道，暴风雪和低温天气已造成12个州至少65人死亡。

此次极端寒潮暴风雪天气过程影响已结束，美国中东部气温逐步回升。2023年1月3—6日，受温带气旋影响，美国自西向东还将有一次较大范围的降温和雨雪天气过程，但强度明显弱于前期的极端寒潮暴风雪过程。

（五）美国应对此次极端寒潮暴风雪天气的措施

美国总统拜登22日在白宫发表讲话，呼吁民众关注这次非常严重的天气警报，圣诞假期出行注意安全。纽约州、肯塔基州、北卡罗来纳州、佐治亚州、俄克拉何马州等宣布进入紧急状态。美国气象部门提前向超过2亿人（约占美国总人口的60%）发送了天气警报，其中包括威胁生命的寒冷、暴风雪和冰风暴等警告，有关天气预警的信息覆盖了美国37个州。

二、气象成因和气候背景分析

12月下旬，北美地区中高纬度呈现极端显著的"两脊一槽"型分布，在北美西海岸和加拿大东部分别存在两个暖高压脊，并在加拿大西部至美国大部地区形成极强的低槽区，导致北极地区冷空气由加拿大向美国强势南侵，引发大范围寒潮天气。同时，在低槽前侧有强烈温带气旋系统生成，引导来自墨西哥湾和大西洋的水汽与冷空气相遇，加之大湖效应的影响,发展加强为"炸弹气旋",造成了美国和加拿大出现大范围暴风雪天气。

"炸弹气旋"又称"爆发性温带气旋",指由冷空气结合暖湿气流快速发展而成的温带气旋,中心大气压在24小时内骤降,它爆发强,发展快,会带来强烈的暴风雪和降温,破坏力巨大,威力如同炸弹,美国的气象学家形象地称它为"炸弹气旋"。"炸弹气旋"风暴在美国并不罕见,每年至少会出现一次,但这次发生在圣诞节前后的"炸弹气旋"所造成的严重后果,远远超过一般冬季的"炸弹气旋",被美国气象局称为"once-in-a-generation"(一代人都难得一见的事件)。

三、我国历史上也曾遭受"炸弹气旋"、极端寒潮影响

温带气旋在我国也很常见,蒙古气旋、东北冷涡、黄淮气旋都属于温带气旋,只是在我国的温带气旋通常比较温和,很少出现短时间内迅速增强的"炸弹气旋",但在我国历史上也曾出现过"炸弹气旋"。2007年3月2—5日,受温带气旋入海后迅速加强影响,华北、东北等地部分地区出现50年来最强暴风雪(雨)天气,山东渤海湾、莱州湾出现自1969年以来最强风暴潮,暴风雪导致京哈铁路和辽宁境内的高速公路中断,辽宁鞍山等城市学校全部停课,大连城市断电,辽宁省有14人因灾死亡,30多万座蔬菜大棚损坏,全省直接经济损失达109亿元。

历史上我国多次遭遇极端寒潮天气影响。2016年1月21—25日,受西西伯利亚强冷空气南下影响,我国遭受强寒潮雨雪冰冻天气袭击,全国气温大幅下降,华北中南部、黄淮最低气温达−20~−10 ℃,江淮、江南、华南北部及四川盆地、云南东部降至−12~−1 ℃,气温0 ℃线南压到华南中部一带,广州出现飘雪,历史少见;各地先后经历了雨雪、寒潮、冰冻、大风等天气,贵州中南部、湖南中部等地部分地区及福建中部局地出现冻雨,对农业、交通运输、电力供应等产生严重影响。2021年11月4—8日,寒潮天气影响我国大部地区,降温剧烈,北方出现大范围雨雪,多地日降水量突破历史同期极值,内蒙古、吉林、辽宁积雪深度超过40厘米;辽宁、吉林、黑龙江部分地区出现了冻雨,部分县市出现电线积冰,哈尔滨出现历史罕见的严重冻雨,导致大面积道路结冰以及电线、树木结冰。

四、启示与建议

虽然"炸弹气旋"在我国不常出现,但寒潮、低温、暴雪等事件时有发生,特别是在严冬季节,如果与春运交通运输高峰期叠加,所产生的影响不可低估。据中央电视台28日报道,2023年春运客流量或将大幅增长,需要提高警惕极端天气的不利影响。建议:

一是加强灾害性天气影响预报和灾害风险预估工作。准确的预警是灾害应对和措施部署的前提。目前我国对灾害性天气的预报能力不断加强,但在影响预报方面还存在短板。因此,应加强灾害性天气影响预报预警和灾害风险预估研究,不断提高致灾性极端天气事件预报预警水平。

二是提高极端天气灾害应对防御能力。当前在全球气候变暖的背景下,各类极端灾害性天气气候事件频发、重发,例如2008年低温雨雪冰冻灾害、2016年1月强寒潮、2021年7

月河南极端暴雨等各类极端天气给我国造成严重影响。在应对极端天气灾害方面，我国应深化部门间应急联动，完善气象灾害应急预案，继续坚持以防为主，防抗救相结合的防灾减灾策略，各地各部门积极主动做好灾害防御部署工作。

三是关注强降温、强降雪等天气对春运和能源保供的不利影响。2023年春运即将开始，气候预测2023年1—2月我国北方大部气温偏低，东北、西北等地可能出现阶段性强降温、强降雪过程，南方2月上半月气温也将转为偏低，需关注大风降温、降雪对春运、能源保供等造成的不利影响。

"龙舟水"结束，华南降雨量为历史第二，洪涝和地质灾害有滞后性，需继续做好防御

孙瑾　刘璐　王韫喆　王维国

（国家气象中心　2022年6月22日）

摘要： 通常5月下旬至6月中旬为华南前汛期的降水集中期，又称为"龙舟水"。今年"龙舟水"期间，华南平均降雨量为472.5毫米，为1951年以来第二多。今年"龙舟水"具有累积雨量大、空间分布不均，强降水过程频繁、暴雨日数多，极端性强、多站破历史纪录等特点。受极端强降雨影响，"龙舟水"后期，广东、广西出现流域性洪水、大范围城乡内涝和地质灾害。目前华南前汛期降水基本结束，但洪涝和地质灾害具有滞后性，需继续做好相关灾害防御工作。

一、"龙舟水"降雨特点分析

累积雨量大，强降水高度集中在粤北桂北。5月21日至6月21日，广东大部、广西大部、海南岛中东部累积降雨量有200～500毫米，广东韶关、清远、河源、汕尾和惠州，广西桂林、柳州、河池、贺州、梧州和来宾等地的部分地区有600～1000毫米，广东韶关和清远、广西桂林和贺州超过1000毫米；其中，广东连南县大麦山镇累积降雨量达1689.2毫米，翁源县新江镇1652.7毫米；广西桂林临桂区1616.1毫米、柳州融水县1612.4毫米。

强降水过程频繁，暴雨日数多。"龙舟水"期间，华南地区连续出现6次强降雨过程，分别在5月21—24日、27—30日，6月3—6日、7—11日、12—16日、17—21日。广西东北部、广东北部暴雨日数普遍有5～8天，广西蒙山达11天；上述地区大暴雨日数有2～4天，广东翁源有4天。

极端性强，多站破历史纪录。"龙舟水"期间，华南（广东、广西、海南）平均降雨量有472.5毫米，为1951年以来第二多，仅次于2008年。其中，广东平均雨量为514.5毫米，较历史同期偏多54%，为1951年以来第三多；乐昌、翁源等18个县（市）"龙舟水"破历史纪录。广西平均雨量为490.8毫米，为1951年以来最多；三江、龙胜、临桂等17个县（市）累积降雨量破历史同期纪录。

期间，广西兴安和环江、广东韶关共3个国家气象观测站的日雨量突破建站以来历史极值；6站日雨量突破6月极值。另外，广西1小时、3小时、6小时最大雨量分别达149.4毫米、271.6毫米、427.6毫米，均出现在柳州市融水县香粉乡（6月18日），其中，6小时最大雨量突破广西历史极值。

二、持续强降雨导致西江北江出现流域性洪水

"龙舟水"后期,受持续降雨影响,广东和广西出现流域性洪水、城乡积涝和地质灾害。

(一)西江、北江出现流域性洪水

5月21日至6月21日,珠江流域面雨量超过293毫米,其中,柳江、桂江、贺江、北江、东江子流域面雨量达500毫米以上,北江和桂江子流域面雨量分别达826毫米和822毫米(图1)。流域平均降雨量为477.8毫米,较常年(1991—2020年平均,下同)同期偏多64%,为1951年以来第二多(图2)。

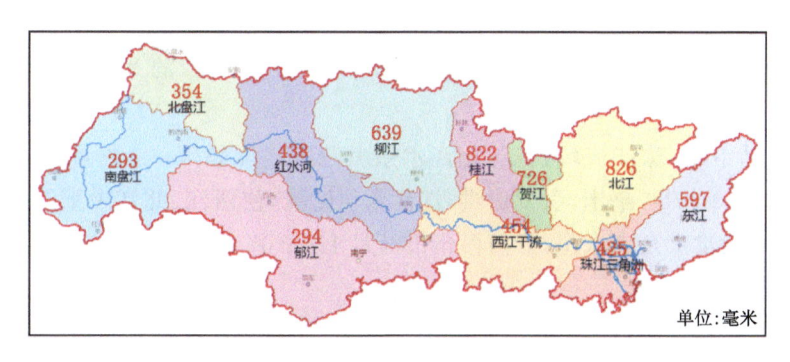

图1 珠江流域面雨量实况(5月21日至6月21日)

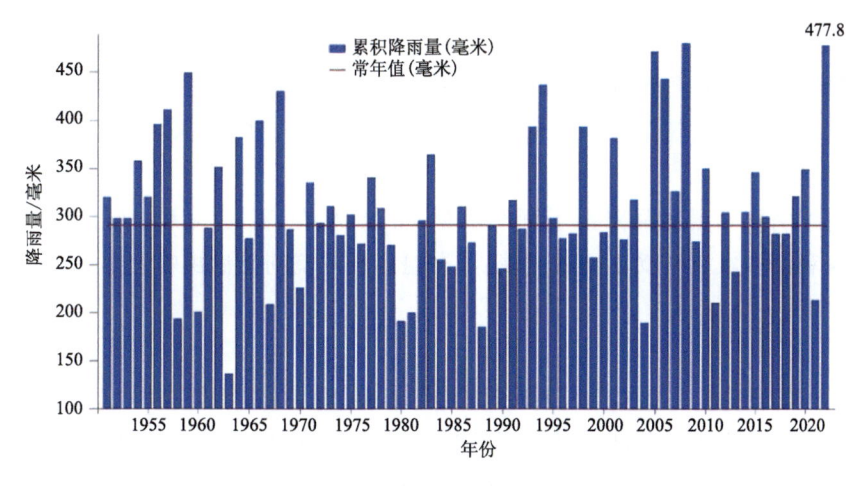

图2 1951—2022年珠江流域历年降雨量(5月21日至6月21日)

受持续强降雨影响,西江分别于5月30日、6月6日、12日和19日发生4次编号洪水;北江分别于6月14日和19日发生2次编号洪水。目前西江4号洪水正在演进,水位将较长时间维持高水位运行;北江2号洪水已发展成特大洪水,防汛形势极其严峻。

5月21日以来,广西郁江、红水河、柳江、桂江、西江和广东东江、北江、贺江等子流域中小河流发生不同程度的超警戒洪水,部分河流水文站超保证水位,其中,广西桂江支流灵渠、广东英德飞来峡和石角等江段水位超历史实测纪录。

（二）与历史相似过程比较

2005年6月17—25日，华南大部、江南中南部部分地区累积降雨量有300～400毫米，局地450～750毫米，广东龙门达1300.2毫米，导致江河、水库水位迅猛上涨，广西梧州市23日12时洪峰水位26.75米，超过警戒水位9.45米，为1900年以来的第二大洪水位，仅次于1915年（26.89米），广西、广东、福建、江西、湖南、浙江等省（区）部分地区发生严重洪涝及滑坡等灾害。

1998年6月中下旬，江南大部、华南等地降雨量普遍有200～400毫米，广东中西部部分地区超过300毫米，广西东北部600～800毫米，局地超过900毫米。受降雨影响，西江干流沿线长时间持续高水位，浔江平南至西江云安近300千米河段的水位均超过"94·6"特大洪水的水位。广西梧州测得最高洪峰水位为26.51米，比"94·6"的25.91米洪峰水位高出0.6米。

1994年6月中旬，珠江流域西江、北江水系大范围连降暴雨，降雨量普遍有200～400毫米，部分地区450～700毫米，引发山洪，江河水位陡涨，使西江、北江中下游地区以及珠江三角洲相继出现大洪水及高水位，广西梧州市6月19日07时洪峰水位25.91米，超过警戒水位10.91米。

与以上3次过程比较，2022年5月21日至6月21日珠江流域累积面雨量为1994年以来最强，珠江流域西江下游、东江、北江面雨量超过1994年、1998年和2005年同期100毫米。

（三）其他影响

受降雨影响，广东梅州市兴宁市、广西桂林市龙胜等地发生滑坡、泥石流、塌方等地质灾害，出现人员伤亡。广东韶关、英德、清远、河源、阳江、中山、珠海、深圳和广西桂林、梧州等多地发生严重城市内涝。

另外，持续阴雨寡照和强降雨不利于水稻、玉米、棉花、露地蔬菜和经济林果等生长发育，低洼田块和临水农田遭受不同程度渍涝；高温高湿环境利于病虫害发生发展。

三、成因分析

5月以来，欧亚中高纬度大气环流经向度大，影响我国东部地区的冷空气活动频繁。尤其6月以来，东北冷涡更加活跃并且向南发展加强，一方面，引导冷空气南下，影响我国江南南部至华南地区，另一方面，也使得西太平洋副热带高压位置偏南，导致来自西北太平洋和南海的水汽输送主要影响华南地区。同时，伴随夏季风的暴发和建立，季风环流引导的西南水汽向华南输送也偏强，以上共同导致华南前汛期降水异常偏多偏强。

四、未来天气气候趋势预测

（一）华南前汛期降水基本结束

预计6月23—30日，华南地区将以分散性降雨天气为主。但目前土壤含水量饱和，江河水库高水位运行，洪涝和地质灾害具有滞后性，需继续做好相关灾害防御工作。

（二）6月23—30日雨带明显北抬，北方降雨增多

23—24日，吉林、辽宁、河南、山东、安徽、江苏、湖北及四川、重庆等地有中到大雨，部分地区有暴雨或局地大暴雨，并伴有短时强降水、雷暴大风等强对流天气。26—29日，上述地区还将有一次明显降雨过程。

（三）盛夏(7—8月)气候趋势预测

盛夏我国主要多雨区位于东北南部、华北、西北地区东部、华东北部、华中北部、华南大部、西南地区，上述地区强降水过程多，洪涝灾害偏重。新疆、华东南部、华中南部等地降水偏少，可能出现阶段性气象干旱。新疆、华东、华中等地高温日数较常年同期偏多，将出现阶段性高温热浪。

预计盛夏在西北太平洋和南海海域生成的台风个数为7~9个，较常年(9.4个)偏少；登陆我国的台风个数为2~4个，较常年(4.1个)偏少，台风强度总体偏弱，台风活动路径以西北行为主，其中，出现北上登陆台风的可能性大。

未来 10 天华西地区由持续高温转为多雨期，陕西甘肃四川重庆等地谨防旱涝急转，做好暴雨灾害防御

王莉萍　马学款　王冠岚　许凤雯　向欣

(国家气象中心 2022 年 8 月 25 日)

摘要：2022 年 6 月 15 日以来，华西地区多高温天气，有 155 个国家气象观测站气温突破历史极值，出现了重度气象干旱，多地发生山火。8 月 25 日起，华西地区降雨将转为较常年同期偏多 4 成至 1 倍，局地偏多 2 倍以上，四川东北部、陕西南部等地山洪、地质灾害和中小河流洪水气象风险高，建议加强暴雨灾害防御，谨防旱涝急转。

一、未来 10 天华西地区将由高温转为多雨期

(一) 6 月 15 日以来华西多高温天气，多地气温突破历史极值

6 月 15 日以来，华西地区多高温天气，尤其是 8 月以来四川盆地、陕西等地持续高温天气，四川、重庆、陕西南部、湖北西部等地 40 ℃以上严重高温的日数普遍有 8~15 天，重庆中西部达 17~21 天，四省(市)共有 155 个国家气象观测站(占四省(市)全部站点的 41%)日最高气温突破历史极值。受持续高温少雨的影响，四川、重庆、湖北、陕西东南部、甘肃东南部等地出现中到重度气象干旱，部分地区特旱，多地发生山火。

(二) 8 月 27—30 日华西等地将有强降雨过程

预计未来 10 天，华西地区多降雨天气，降雨日数有 5~8 天，累积降雨量将由前期的显著偏少转折为较常年同期偏多 4 成~1 倍，局地偏多 2 倍以上。其中：

8 月 27—30 日，青海东北部和南部、甘肃东部、宁夏中南部、陕西、四川、重庆、湖北大部、山西南部、河北南部、山东中西部、河南、安徽北部、江苏北部及西藏东南部、云南西部等地有中到大雨，其中，陕西、甘肃东南部、四川盆地西部和北部、重庆北部、湖北西部及山西南部、河南中南部、安徽北部、江苏北部等地部分地区有暴雨，局地有大暴雨，上述局地并伴有雷暴大风等强对流天气；累积降雨量 20~80 毫米，陕西南部、四川盆地北部、河南东部、安徽北部等地部分地区有 100~180 毫米，陕西南部、四川盆地北部局地可超过 200 毫米(图 1)，最大小时降雨量 20~40 毫米，局地可超过 50 毫米。

(三) 气象灾害风险预报

27—30 日，青海东北部、甘肃西部和南部、陕西南部、四川东北部、西藏东南部等地山洪和地质灾害气象风险较高，其中，四川东北部和陕西南部等地局地山洪和地质灾害气象风险高；陕西南部、四川东北部等地局地中小河流有超警戒水位的气象风险。

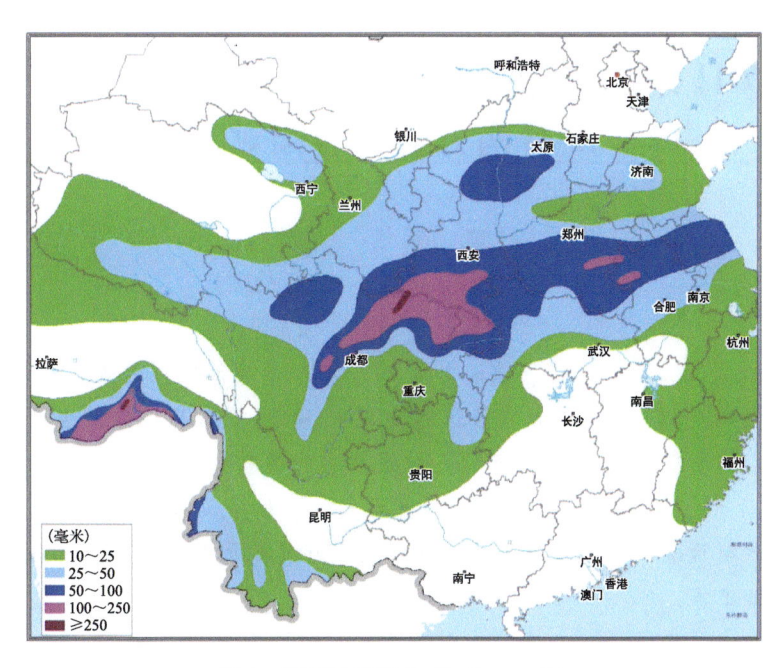

图1 降雨量预报(8月27—30日)

二、关注与建议

未来十天华西地区将由持续高温转为多雨期,27—30日华西、黄淮、江淮等地降雨对缓解高温旱情、降低森林草原火险气象等级、增加水资源等有利,但由于降雨过程持续时间长、局地累积雨量大、短时降雨强,为此建议:

一是谨防旱涝急转。陕西南部、甘肃、四川、重庆等地前期高温干旱,河塘湖库水位低,需加强蓄水;同时要谨防旱涝急转,强化灾害隐患点的巡查,防范局地强降雨或持续性降雨可能引发的山洪、滑坡、泥石流、中小河流洪水和城乡积涝等灾害。

二是防范叠加影响。青海东北部近期多较强降雨,此次降雨过程落区与前期较强降雨区高度重叠,致灾风险较高,需加强防范可能引发的次生灾害,及时转移危险地区群众。

三是加强安全管理。相关各地需注意防范强降雨和强对流天气对城市运行、群众安全、山区景点等的不利影响,并加强交通安全管理,做好城市排涝准备措施。

3月16—17日，南方出现2022年首次区域性强对流天气过程，19—22日南方仍将有强对流天气

杨琨　蓝渝　向欣

（国家气象中心　2022年3月17日）

摘要：3月16—17日，南方地区出现2022年首次区域性强对流天气过程，多地出现短时强降水、雷暴大风、冰雹等强对流灾害，湖北、安徽局地最大小时降雨量超过60毫米，湖北观测到12级大风。此次过程在强度和影响范围上均弱于2018年3月3—5日天气过程，与历史同期强对流天气过程的平均强度相当。目前南方强对流天气逐渐活跃，预计19—22日仍有区域性强对流天气过程，建议提高警惕，做好灾害防御工作。

一、3月16—17日南方出现2022年首次区域性强对流天气过程

3月16—17日，四川、贵州、重庆、湖北、湖南、河南、安徽、江苏、浙江、江西、福建、广西等地出现我国今年首次区域性强对流天气过程，上述地区出现了短时强降水（小时雨量≥20毫米）、雷暴大风（≥8级的对流性大风）和冰雹等多种强对流灾害天气，过程最强时段为3月16日午后至前半夜。其中，16日夜间湖北东部、安徽南部局地出现60毫米/小时以上的短时强降水；16日16—17时，湖北浠水县西河站、巴驿站观测到的最大风力达12级（分别为33.9米/秒、34.8米/秒）；四川、贵州、湖北等多省出现冰雹天气。

二、历史同期情况

3月是我国南方春季强对流天气的高发期，年平均出现1~2次大范围强对流天气过程，影响区域以江淮、江南、华南为主。2016年以来我国3月出现的主要强对流天气过程见表1。

其中，近年来3月对流强度最强、社会影响最大的区域性强对流过程出现在2018年3月3—5日，期间江西、湖南等地出现大范围雷暴大风、冰雹为主的强对流天气，气象观测站记录到的最大风速达37.3米/秒（13级）。据统计，此次过程共造成江西境内14人死亡。

相比较而言，此次过程在对流强度、影响范围上，均弱于2018年3月3—5日过程，与历史同期强对流天气过程的平均强度相当。

三、天气趋势预报和关注建议

预计3月19—22日，我国南方地区仍将有一次区域性强对流天气过程。其中，19日影

响云南、贵州等地,20日影响江南南部及华南地区,主要以短时强降水为主;21—22日,江南南部、华南等地可能出现风雹天气。

表1 2016年以来我国3月主要强对流天气过程表

序号	过程时段	影响区域	强对流天气类型
1	2022年3月16—17日	四川、贵州、重庆、湖北、湖南、河南、安徽、江苏、浙江、江西、福建、广西	短时强降水、雷暴大风、冰雹
2	2021年3月30日至4月1日	浙江、江西、安徽、江苏、湖南、重庆、四川	短时强降水、雷暴大风、冰雹
3	2020年3月21—27日	安徽、湖北、浙江、湖南、四川、贵州、广西、广东	冰雹和短时强降水为主,伴有雷暴大风
4	2019年3月19—20日	云南、贵州、湖南、湖北、安徽	雷暴大风为主,局地短时强降水
5	2018年3月3—5日	安徽、江苏、湖北、湖南、江西、浙江、福建、广西、广东	雷暴大风和冰雹天气为主,伴有短时强降水
6	2018年3月19日	广西、广东、福建等地	短时强降水为主,局地风雹天气
7	2017年3月18—19日	云南、贵州、湖南、江西、浙江、广西、广东	短时强降水为主,局地风雹天气
8	2016年3月19—21日	贵州、湖南、江西、福建、广西、广东	短时强降水、雷暴大风、冰雹
9	2016年3月17—18日	湖南、江西、福建、广东	短时强降水为主,局地雷暴大风

关注与建议:目前南方地区强对流天气逐渐活跃,易对户外活动、田间作业、交通运输等方面产生影响,建议各地提高警惕,加强灾害防御,做好户外作业安全防护、临时搭建物防风加固、交通安全管理等工作。由于预报时效较长,中央气象台将密切关注天气形势,及时更新预报结论。

四、气象预报预警服务情况

针对此次强对流天气过程,中国气象局高度重视,加强相关预报服务工作。中央气象台提前组织,加强与省级气象部门的会商,及时发布强对流天气预报预警。其中,中央气象台3月11日即进行了趋势分析,15日早晨明确预报了此次过程,15日18时发布2022年首个强对流天气蓝色预警。至17日,中央气象台共发布强对流天气蓝色预警6期、强对流短时预报5期。

同时,针对此次过程影响,中央气象台加强信息报送。3月15日制作《重大气象信息专报》,指出南方地区将有较大范围强对流天气,需加强防范,之后制作《气象灾害预警服务快报》、《两办刊物信息》等决策服务材料不断滚动更新预报预警信息,并通过微博微信等新媒体平台和为媒体提供稿件,向公众及时发布相关内容,提示做好防范。

18日午后至19日白天，辽宁省东南部和西南部地区有暴雨，局部有大暴雨，需警惕强降雨叠加效应，做好次生灾害防御

阎琦　谭政华　刘硕　李广霞　陆忠艳　孙晓巍

（辽宁省气象台　2022年8月17日）

摘要： 受高空槽和副热带高压共同影响，预计8月18日午后至19日白天，大连、丹东、营口、葫芦岛地区及岫岩、海城、锦州市区、凌海、盘锦市区有暴雨（50～100毫米），其中，庄河、瓦房店、普兰店、长兴岛经济区、长海、绥中有大暴雨（100～250毫米），并伴有强对流天气。最大小时雨强20～40毫米，个别乡镇（街道）40～80毫米，最大瞬时风力8～10级。主要降雨时段为18日夜间。另外，21日夜间至22日白天，辽宁省南部地区还将有一次较明显降雨过程。需防范强降雨诱发的城市内涝、中小河流洪水、山洪、滑坡、泥石流、农田渍涝、农作物倒伏等次生灾害。

一、天气形势分析

8月18—19日，500百帕副热带高压北界位于朝鲜半岛南部，我国河套北部地区有高空槽东移加深；850百帕配合有切变线东移并逐渐加强为低涡，低涡前部有低空急流建立，引导水汽向辽宁省输送，其中，东南部及沿海地区850百帕比湿达14～16克/千克，水汽含量充沛；地面有锋面气旋东移。受高空槽、副热带高压、地面气旋共同影响，辽宁省东南部地区斜压锋生作用加强、冷暖空气交汇，将出现强降雨天气过程。另外，东南部及沿海地区K指数大于36℃，有对流不稳定层结条件，将出现强对流天气。整层大气可降水量达65毫米，有利于产生短时强降水；对流有效位能约500焦耳/千克，0～6千米垂直风切变较大，有利于对流系统组织化发展；对流层中层有干层，0℃层高度约4500米，有利于出现大风和冰雹。另外，受地面气旋影响，全省海区和陆地气压梯度加大，将出现大风天气。

21—22日，500百帕副热带高压北界仍然位于朝鲜半岛南部，贝加尔湖东南部有短波槽东移，850百帕低层配合有切变线，辽宁省南部地区还将有一次较明显降雨过程。

二、天气预报

预计18日14时至19日14时，辽宁省东南部和西南部地区有暴雨，局部大暴雨，其他地区有中雨或大雨，并伴有强对流天气。主要降雨时段为18日夜间。

（一）累积降雨量预报

大连、丹东、营口、葫芦岛地区及岫岩、海城、锦州市区、凌海、盘锦市区有暴雨（50～100毫米），其中，庄河、瓦房店、普兰店、长兴岛经济区、长海、绥中有大暴雨（100～250毫

米);其他地区有中雨或大雨(10～50毫米),局部有暴雨(50～100毫米)(图1);上述地区局部伴有短时强降水、雷电、大风、冰雹等强对流天气,最大小时雨强20～40毫米,个别乡镇(街道)40～80毫米,最大瞬时风力8～10级。

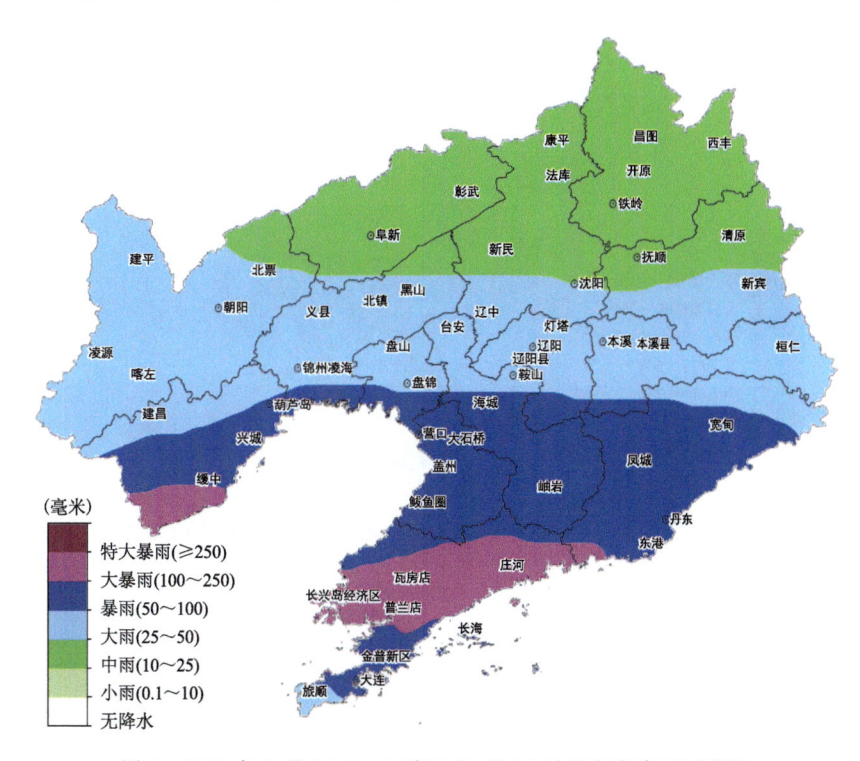

图1　2022年8月18日14时至19日14时辽宁省降雨量预报

(二)各流域降雨量预报

此次降雨过程,辽河、绕阳河流域有中雨或大雨,局部暴雨;大凌河、浑河、太子河流域有大雨,局部暴雨;鸭绿江流域有大雨到暴雨,局部大暴雨。各流域降雨量预报图如图2至图7所示。

图2　2022年8月18日14时至19日14时大凌河流域降雨量预报

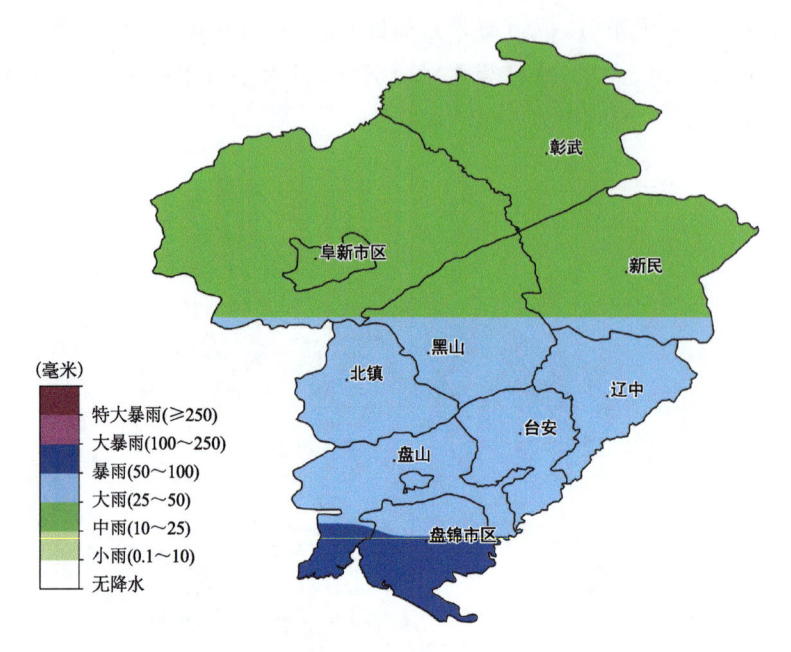

图3　2022年8月18日14时至19日14时绕阳河流域降雨量预报

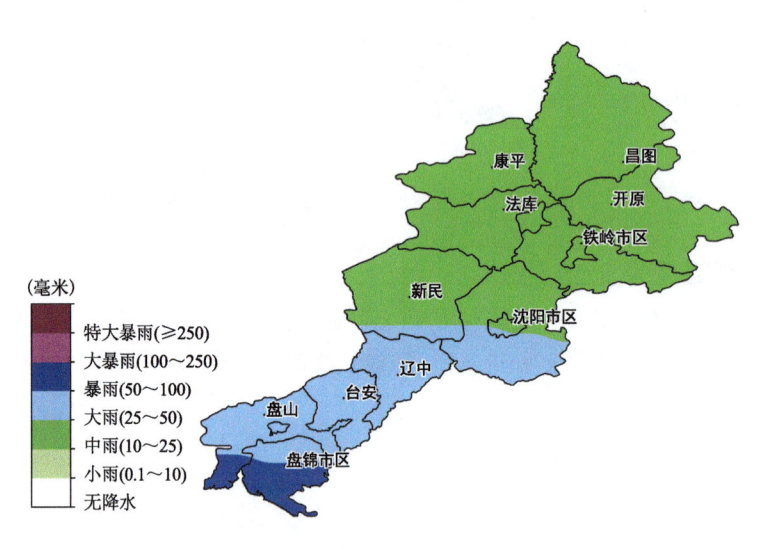

图4　2022年8月18日14时至19日14时辽河流域降雨量预报

（三）大风预报

18日午后至19日，渤海北部、渤海中部、渤海海峡、黄海北部偏南风转偏北风6～7级、阵风8～9级，全省陆地偏南风转偏北风4～6级、阵风7～8级。

另外，21日夜间至22日白天，大连地区还有中雨到大雨（10～50毫米），局部暴雨（50～80毫米）。

图 5　2022 年 8 月 18 日 14 时至 19 日 14 时浑河流域降雨量预报

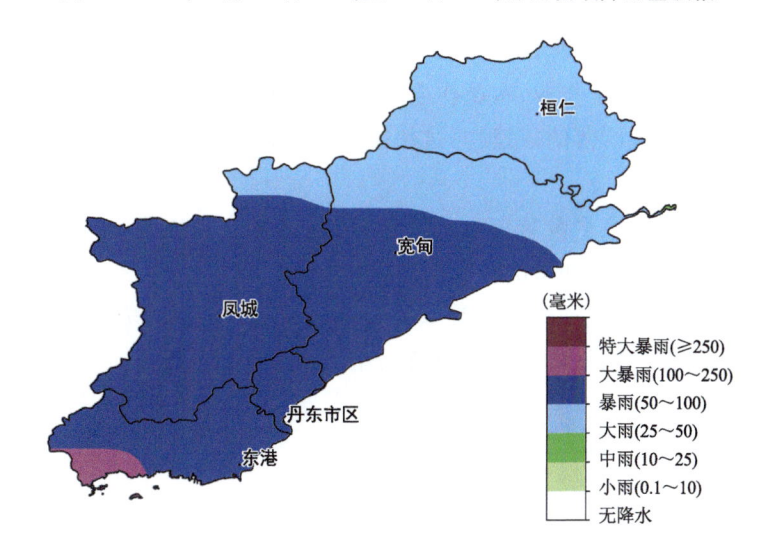

图 6　2022 年 8 月 18 日 14 时至 19 日 14 时鸭绿江流域降雨量预报

图 7　2022 年 8 月 18 日 14 时至 19 日 14 时太子河流域降雨量预报

三、相关建议

(1)目前,辽宁省河流底水高,部分水库与河道超汛限,叠加此次强降雨过程,发生洪水的可能性增大,特别是绕阳河、辽东诸河、鸭绿江和大凌河流域,建议做好流域、水库、城镇防汛管理及重点人群避险转移工作。

（2）14日,辽宁省东南部地区已出现暴雨到大暴雨,18日午后至19日白天该地区仍有强降雨,两次过程间隔时间短,强降雨落区重叠,需防范强降雨叠加效应可能引发的山洪、滑坡、泥石流等次生灾害,加强灾害隐患点的巡查排险,注意山区、城镇、学校、医院以及重要工程设施、非煤矿山、尾矿库的监测防范。

（3）强降雨将造成城市内涝、路面湿滑或积水、能见度降低,建议加强城市低洼路段管控与排涝,密切关注城市地铁、地下隧道、地下空间、地下车库、地下营业场所、低洼地区和下穿式立交桥等防御重点部位,加强积水排涝和应急处置,做好国省干道、区县与乡镇道路、过河桥梁、隧道涵洞等交通管制。

（4）强降雨将导致农田渍涝,建议提前疏通沟渠,及时排除田间积水,防范短时强降水、大风等强对流天气对玉米等高秆作物及农业设施的不利影响。

（5）注意防范大风对高空作业、水域作业、设施农业和海上航运的影响,提前加固户外围板、棚架、广告牌等易被风吹落的搭建物;过往船舶应注意航运安全,海上作业及港口码头需提前做好防范。

（6）雷电天气出现时,应尽量避免户外活动,防范可能造成的人员伤亡和设备损失及对农事活动、疫情防控带来的不利影响。

（7）妥善保护易受冰雹袭击的汽车等室外物品或设备,防范冰雹对农作物、果蔬和农业设施的损害,提前驱赶家禽、牲畜进入安全场所。

10日夜间至13日,黑龙江省大部有雨雪、降温、大风天气,东南部部分地区有中到大雪,局地暴雪

谢玉静　张桂华　王承伟　闫中帅

（黑龙江省气象台　2022年11月9日）

摘要：10—13日,黑龙江省自西向东有一次雨雪过程,伴有强降温和大风天气,预计累积降水量大兴安岭、黑河北部、伊春北部为3~8毫米,降水相态为雪,哈尔滨东部、七台河、鸡西、牡丹江为10~20毫米,其中,哈尔滨东南部、鸡西西部、牡丹江等地的部分市（县）可达20~30毫米,降水相态为雨转雪,其他大部地区为1~10毫米,降水相态为雨转雨夹雪或雪（图1）。降雪集中时段为12日,哈尔滨东南部、鸡西、牡丹江北部雪量可达中到大雪,局地暴雪,部分时段伴有湿雪或冻雨。本次雨雪过程西北部和东南部新增积雪深度为3~7厘米,其中,东南部山区局地可达10厘米。易出现对交通有影响的雪阻、道路结冰、低能见度等灾害。11—13日,东南部地区降温8~10 ℃,局地10~12 ℃,其他大部地区降温6~8 ℃。11日,中南部地区平均风力4~5级,阵风6~7级。

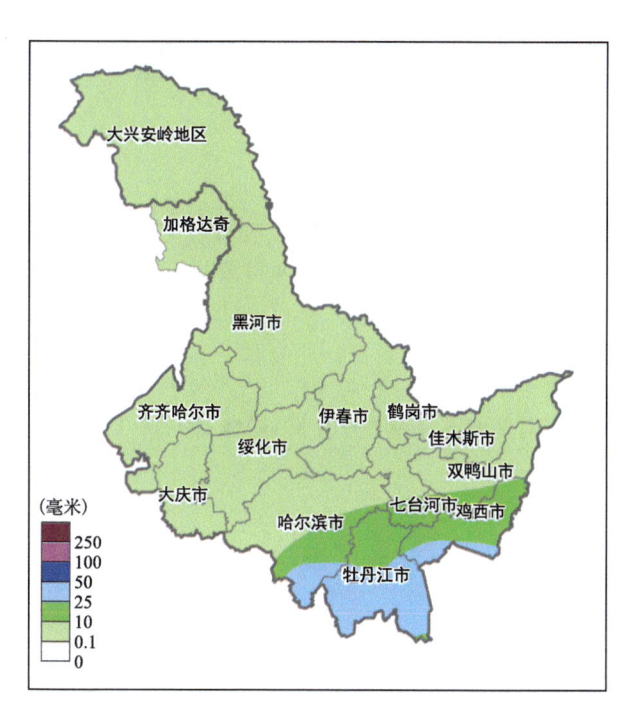

图1　黑龙江省2022年11月10日20时至13日08时降水量预报

一、降水预报

10日,大兴安岭南部、黑河北部、伊春北部晴转阴,有小到中雪,局地大雪。

11日,大兴安岭南部、黑河北部、伊春北部有小雪,伊春南部、大庆南部、绥化东部、哈尔滨、鹤岗、佳木斯、双鸭山西部、七台河有小雨转雨夹雪或雪,双鸭山东部、鸡西、牡丹江有小雨。

12日,哈尔滨东南部、鸡西、牡丹江北部小雨转中到大雪,局地暴雪,牡丹江南部小雨转中雨夹雪或雪,哈尔滨西北部、佳木斯、双鸭山、七台河有小到中雪(图2)。

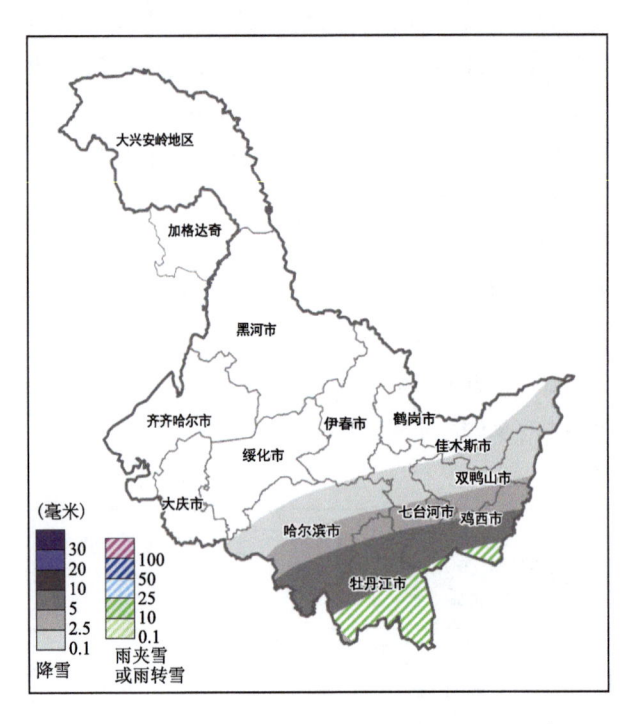

图2 黑龙江省2022年11月12日08时至13日08时降水量预报

二、降温预报

11—13日,黑龙江省东南部地区降温8~10 ℃,局地10~12 ℃,其他大部地区降温6~8 ℃。

三、大风预报

11日,黑龙江省大部地区平均风力4~5级,阵风6~7级。

四、关注与建议

(1)本次过程黑龙江省东南部地区雪量大,有湿雪,积雪深度较大,易出现对交通有影响的雪阻、道路结冰、低能见度等灾害,请交通运输、铁路等部门加强安全管理,及时清理冰雪,电力、通信、城市运行等基础设施做好巡查和维护，提前做好雨雪天气防范及次生灾害应对工作。

（2）气温降幅较大，请公众户外活动时做好防寒保暖，注意预防呼吸道、心脑血管等疾病的发生；燃煤、用电取暖时要注意安全。

（3）黑龙江省大部地区风力较大，建筑工棚、临时搭建物、危旧房屋及设施农业做好防风、防雪、加固，避免垮塌。室外防疫人员做好防寒保暖及防雨雪、防风工作。

第 12 号台风"梅花"将给江苏省带来明显风雨影响

陈圣劼　王啸华　吴海英　田心如　陈小宇　徐敏

（江苏省气象局　2022 年 9 月 12 日）

一、第 12 号台风"梅花"最新消息

2022 年第 12 号台风"梅花"(强台风级)的中心今天(12 日)10 时位于距离浙江省舟山市南偏东方向约 670 千米的洋面上(北纬 24.2°、东经 124.2°)，中心附近最大风力有 14 级(45 米/秒)，中心最低气压为 950 百帕，七级风圈半径 220～260 千米。

预计台风"梅花"将以每小时 5～10 千米的速度向北偏西方向移动，强度缓慢减弱，将穿过琉球群岛于 12 日晚上移入东海南部海面，逐渐向浙江东北部沿海靠近，并可能于 14 日夜间至 15 日白天登陆或擦过浙江东北部沿海地区。

二、风雨预报

12—14 日白天，受台风"梅花"外围影响，江苏省淮河以南东部地区有中到大雨，其中，江苏省东南部部分地区有大到暴雨，局部大暴雨(图1)。全省风力逐渐增大，陆上风力 6～8 级，江河湖海面 8～10 级(图2)。

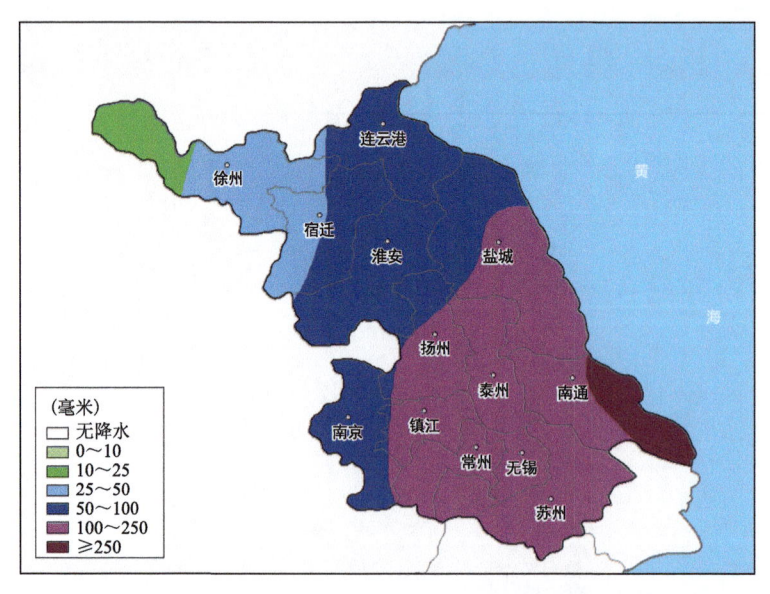

图 1　2022 年 9 月 12 日 10 时至 16 日 20 时江苏省累积雨量预报

14 日夜里至 16 日，受台风"梅花"本体影响，江苏省大部分地区有大到暴雨，其中，本省东部部分地区有大暴雨(图1)。最大风力陆上：本省东部地区 8～10 级，其中，本省东南部地

区10~11级,其他地区6~8级;海区:长江口及南通、盐城沿海海区11~13级,连云港沿海海区11级左右(图2)。

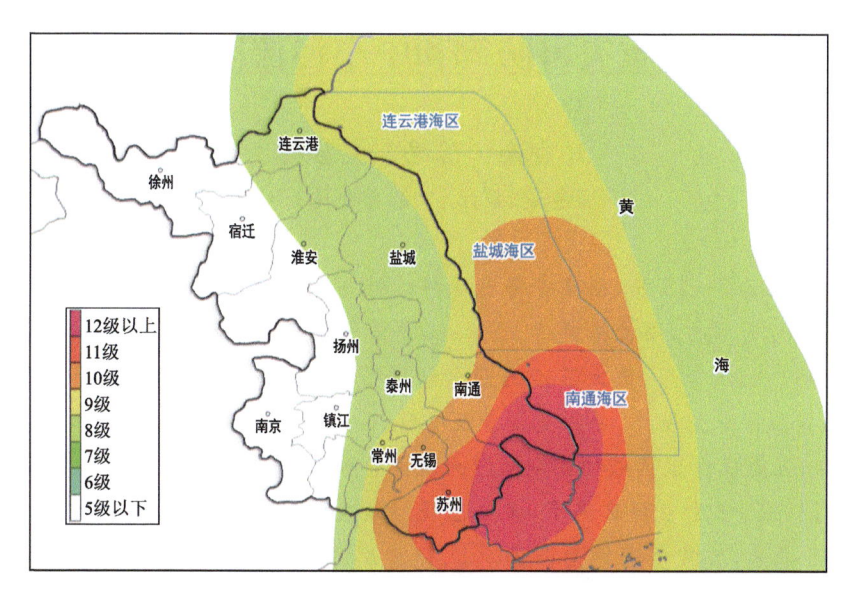

图2　2022年9月12日10时至16日20时江苏省海陆极大风力预报

三、影响及建议

(1)防范风雨影响。台风"梅花"将对江苏省造成大范围强风雨,政府及相关部门按照职责做好防台抗台应急准备工作,防御强风雨给海洋渔业、海上作业、农业生产、交通运输等行业以及市政服务、疫情防控、建筑工程、电力设施等带来的不利影响。相关水域水上作业和过往船舶应当回港避风,加固港口设施,防止船舶走锚、搁浅和碰撞;需提前加固门窗、围板、棚架、广告牌等户外设施,防止大风吹落,危害人身安全;台风影响期间停止户外施工。

(2)有利旱情缓解。2022年入夏以来(6月1日至9月11日),江苏省平均降水量391.5毫米,较常年同期偏少3.2成,为1961年以来同期降水第5少,淮河以南大部分地区持续出现中等至重度的气象干旱。据江苏省防汛抗旱指挥部办公室消息,长江、淮河来水持续偏枯,苏南地区太湖、水阳江、石臼湖水位较常年同期偏低,其中,水阳江、石臼湖水位列历史同期最低;苏南地区大中型水库蓄水量较常年同期偏少3成。台风"梅花"强降水将对江苏省水位回涨、水库蓄水、旱情缓解等带来有益影响。建议加强田间管理,根据雨情,在防范农田积涝的基础上,做好蓄水及农田保墒工作。

目前,大气环流形势比较复杂,台风"梅花"移动路径尚存在不确定性。江苏省气象局将密切监测台风"梅花"动向,及时发布最新预报预警消息。

5—15 日福建省将出现持续性强降水，需加强山洪地质灾害防御和中小河流防汛

江晓南　陈思　吴启树

（福建省气象台　2022 年 6 月 4 日）

摘要：预计 5—15 日，福建省将出现持续性强降水过程，此次过程具有以下特点，一是持续时间长，预计将持续 11 天；二是累积雨量大，全省大部可达 250～400 毫米，三明、龙岩、福州、莆田四市的部分地区可达 500～600 毫米，局部 800～900 毫米；三是强降水范围广，暴雨范围涉及全省；四是降雨强度大，最大小时雨量将达 100 毫米；五是强降水区域和前期降水大值区叠加。

5 月以来，福建省雨日偏多，多次出现持续性强降水过程，全省平均累积降水量 327.8 毫米，较常年同期偏多 30％。目前江河湖库底水较高，土壤含水量大，受新一轮强降水影响，发生中小河流洪水、山洪、地质灾害及城乡积涝风险大，需加强防范。且此次过程正逢高考，需特别注意防范强降水对高考出行和考场的影响。

一、5—15 日福建省将出现持续性强降水过程

预计 5—15 日，福建省将出现持续性强降水过程，此次过程具有持续时间长、累积雨量大、强降水范围广、降雨强度大、强降水区域和前期降水大值区叠加的特点。全省大部累积雨量可达 250～400 毫米，三明、龙岩、福州、莆田四市的部分地区可达 500～600 毫米，局部 800～900 毫米（图 1）。最大小时雨量将达 100 毫米。

具体预报如下：

5 日，全省大部地区有暴雨到大暴雨，24 小时累积雨量 50～120 毫米，局部 220 毫米。最大小时雨量 90 毫米。雷雨时局地伴有短时强降水、8～10 级雷雨大风等强对流天气。

6 日，中南部部分地区有暴雨，局部大暴雨。

7 日，中南部地区有大雨到暴雨。

8—9 日，全省大部地区有大雨到暴雨。

10—15 日，全省仍有暴雨。

二、此次暴雨过程影响预估及与 2010 年 6 月持续性暴雨过程对比

2010 年 6 月 13—27 日，福建省出现持续性暴雨天气过程。全省大部分县（市、区）超过

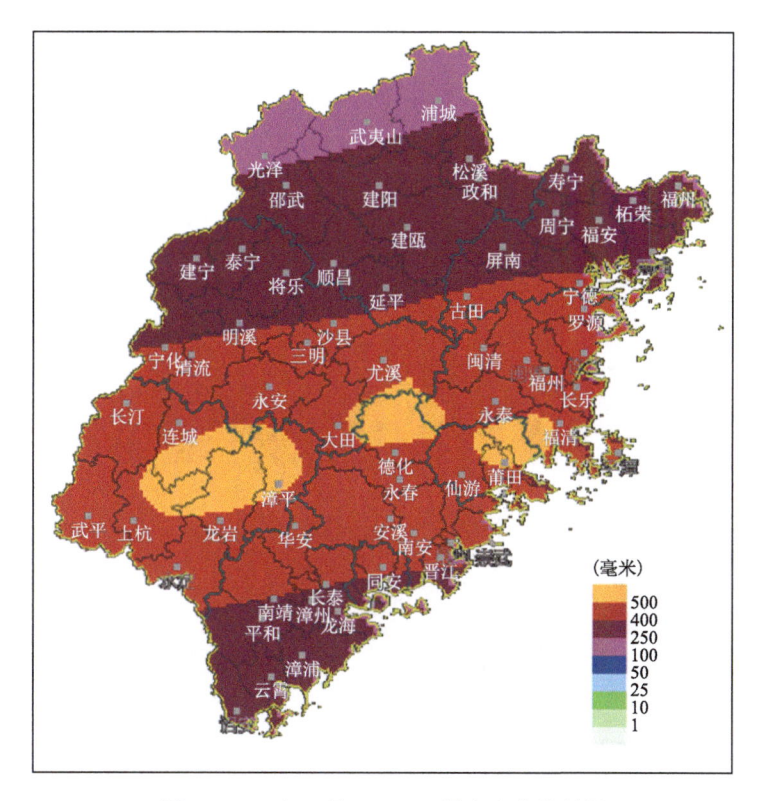

图1　2022年6月5—15日累积降水量预报

100毫米,共有59个县(市、区)的733个乡镇降水量超过250毫米(主要分布在内陆地区和中部沿海地区),其中,内陆地区共有26个县(市、区)158个乡镇超过500毫米(主要分布在南平和三明),以建宁樱桃岭的857.0毫米最大(图2)。此次持续性暴雨过程导致山洪暴发、江河猛涨,地质灾害频发,大量民房倒塌,基础设施损毁,村镇农田受淹,损失十分严重。2010年6月29日,福建省政府新闻办举行新闻发布会通报:全省有77个县(市、区)、922个乡镇、404.86万人受灾,紧急转移101.5万人,倒塌房屋5.95万间,因灾死亡78人(因地质灾害死亡67人)、失踪79人,直接经济损失144.6亿元。

预估2022年6月5—15日,暴雨过程综合强度、最大过程降水量、暴雨持续时间和暴雨范围均达极端事件(表1)。与2010年6月13—27日暴雨过程相比(表2),此次过程最大过程降水量和暴雨范围可能超过2010年暴雨过程。

三、关注与建议

一是加强防御暴雨洪涝和地质灾害。前期累积降水偏多,土壤含水量高,应注意强降水的叠加效应,防范可能引发的中小流域洪水、山洪和城乡积涝、塌方、滑坡、泥石流等次生灾害。

二是加强防范此次过程对高考的不利影响。本轮强降水过程正逢高考,需注意防范对高考出行和考场等的影响。

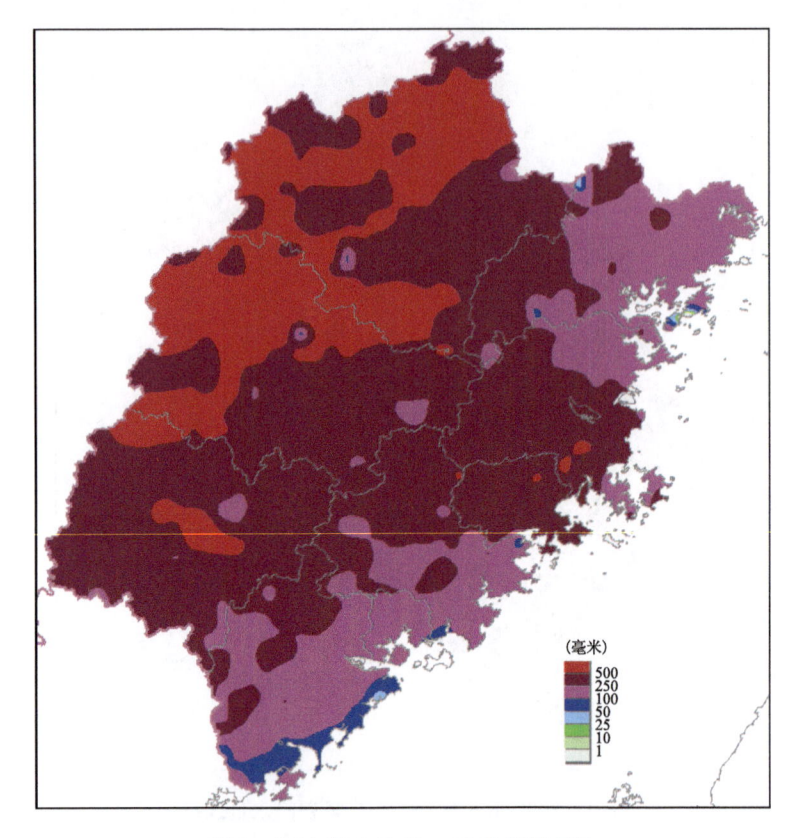

图 2　2010 年 6 月 13—27 日累积雨量

表 1　2022 年 6 月 5—15 日暴雨过程综合强度预估

基于区域站	暴雨持续时间/天	暴雨范围/%	最大日降水量/mm	最大过程降水量/mm	最大小时降水量/mm	综合强度
统计值	11	80~85	270	800~900	100	/
预估结果	极端事件	极端事件	偏强	极端事件	偏强	极端事件

表 2　2010 年 6 月 13—27 日暴雨过程综合强度评估

基于区域站	暴雨持续时间/天	暴雨范围/%	最大日降水量/mm	最大过程降水量/mm	最大小时降水量/mm	综合强度
监测值	15	81.82	341.8	857	100.3	19.41
评估等级	5	5	4	5	3	5
评估结果	极端事件	极端事件	显著偏强	极端事件	偏强	极端事件
监测历史排位/总个数	1/290	2/290	5/290	1/290	50/290	1/290

三是加强农田渍涝和设施农业管理。本轮强降水覆盖范围广，各地需提前做好清沟排水准备，同时需做好设施农业、水产养殖等的巡查和检修加固。

未来 10 天,江西省旱情持续发展,冷空气和大风将给森林防火带来不利影响

郑婧　盛志军

(江西省气象台　2022 年 10 月 14 日)

摘要：预计,16—18 日受干冷空气和热带系统共同影响,江西省将有明显大风天气,江湖水面、平原河谷阵风可达 8 级;气温有所下降,过程降温可达 4～6 ℃。

卫星遥感显示,近期江西省森林热源呈增多态势,大风天气将给森林防火工作带来明显不利影响,各地应强化火情监测,严控火源。未来 10 天江西省基本无降水,旱情将持续发展,需继续强化抗旱救灾工作,并同步注意防范大风、冷空气对交通、农业生产、户外活动、构(建)筑物、疫情防控等带来的不利影响。

一、前期天气实况

降水量创新低。6 月 23 日以来,江西省平均降水仅有 144 毫米,较常年同期偏少 7 成,继续创 1961 年以来历史同期新低。

大部地区持续特重气象干旱。据气象干旱监测显示,10 月 13 日江西省大部分地区仍维持重旱及以上气象干旱等级(图 1),其中有 56 个县(市、区)达到特旱等级,是全国气象干旱最严重的省份之一。

火源热点监测较前期增多。据卫星遥感监测显示,10 月以来江西省共监测到热点 50 个,较前期明显增多(7—9 月累计监测到热点 50 个)。

二、天气预报

将出现大风、降温天气。预计,受干冷空气和热带系统共同影响,16—18 日,江西省有一次明显大风、降温天气过程。期间全省偏北风力加大至 4～5 级,江湖水面、平原河谷及高山地区阵风可达 8 级;过程降温 4～6 ℃,过程最低气温将出现在 18—19 日早晨,全省最低气温将降至 11～13 ℃,局部可降至 9～10 ℃。

未来 10 天江西省基本无降水。预计 15 日全省晴天,16—18 日以多云天气为主,19—24 日全省晴天到多云。

三、关注与建议

(1)切实加强火情监测,严控火源。目前,森林火险气象等级居高不下,即将到来的冷空

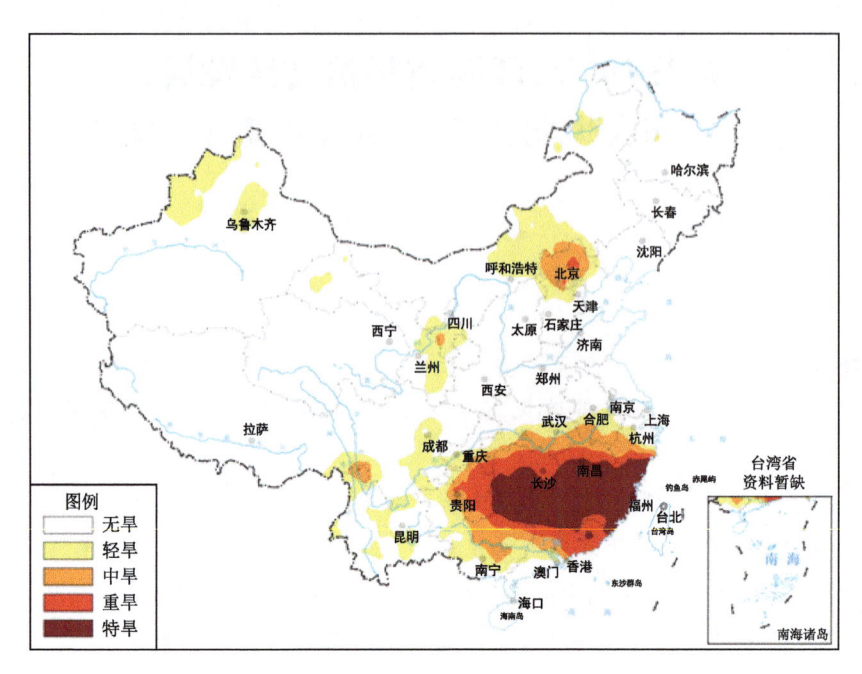

图 1　10月13日全国气象干旱综合监测

气、大风天气,将给防火工作带来明显不利影响。各地应进一步加强森林防火宣传教育,提高全民防火意识,加大巡山护林力度,严格管制野外火源。

(2)继续加强抗旱减灾工作。未来10天江西省基本无降水,严重旱情将持续发展,各地各部门应继续做好防旱抗旱工作,科学调度水资源,保障城乡居民生活用水、牲畜饮水和农业生产用水,并抓住有利时机开展人工增雨作业。

(3)防范大风降温的不利影响。注意防范冷空气、大风对水陆交通、高山景区旅游、高空作业安全、户外活动、构(建)筑物、疫情防控等的不利影响。冷空气影响期间,气温较低,城乡居民应注意根据天气变化及时添加衣物,预防感冒等疾病发生。

(4)加强农业生产管理。及时收割已成熟的一季稻和二晚,防倒伏影响产量。当前江西省有60%以上地区已出现重旱以上农业干旱,各地需继续做好二晚、菜地、果园等的防旱抗旱工作。

6月17—20日，永郴衡株及怀邵南部、长沙东部有持续性暴雨、大暴雨，致灾风险高

王青霞　王璐　唐杰　兰明才　戴泽军　潘筱龙　赵恩榕　汪天颖　刘思华

（湖南省气象局　2022年6月27日）

摘要： 6月17—20日，湘南地区和湘中部分地区有一次持续性暴雨、大暴雨天气过程，过程强降雨持续时间长、重叠度高、累积雨量大、极端性强、致灾风险高，需高度关注极端降雨可能诱发的山洪、地质灾害、中小河流洪水、城市内涝等次生灾害和湘江中上游、资水上游、沅水巫水渠水支流、珠江北江支流宜章段的江河库塘度汛安全。

一、天气预报

6月17—20日，受华南雨带北抬影响，湘南地区和湘中部分地区将出现持续性暴雨、大暴雨天气，并伴有短时强降水、雷暴等强对流天气。暴雨、大暴雨主要在永州、郴州、衡阳、株洲、邵阳南部、怀化南部、长沙东部重叠，局地有特大暴雨。具体预报如下：

17日，省内强降雨开始发展，怀化南部、邵阳南部、永州、郴州、株洲中南部大到暴雨，局地有大暴雨（图1a）。

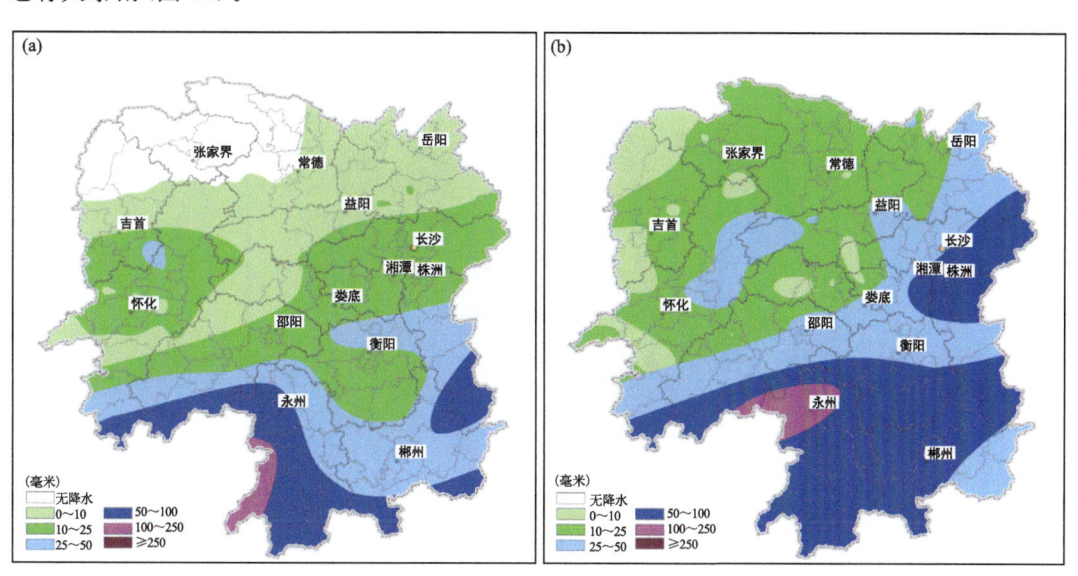

图1　湖南省降水量预报（a. 6月17日，b. 6月18日）

18日，强降雨范围扩大，怀化南部、邵阳南部、衡阳、永州、郴州、株洲、湘潭、长沙东部、

岳阳南部部分地区暴雨,局地大暴雨,单点特大暴雨(图1b)。

19日,强降雨在湘中、湘南地区维持。邵阳南部、永州、郴州、衡阳、株洲、湘潭、长沙东部、岳阳南部部分地区暴雨,局地大暴雨,单点特大暴雨(图2a)。

20日,雨带南压,永州、郴州、衡阳南部、株洲中南部部分地区暴雨,局地大暴雨(图2b)。

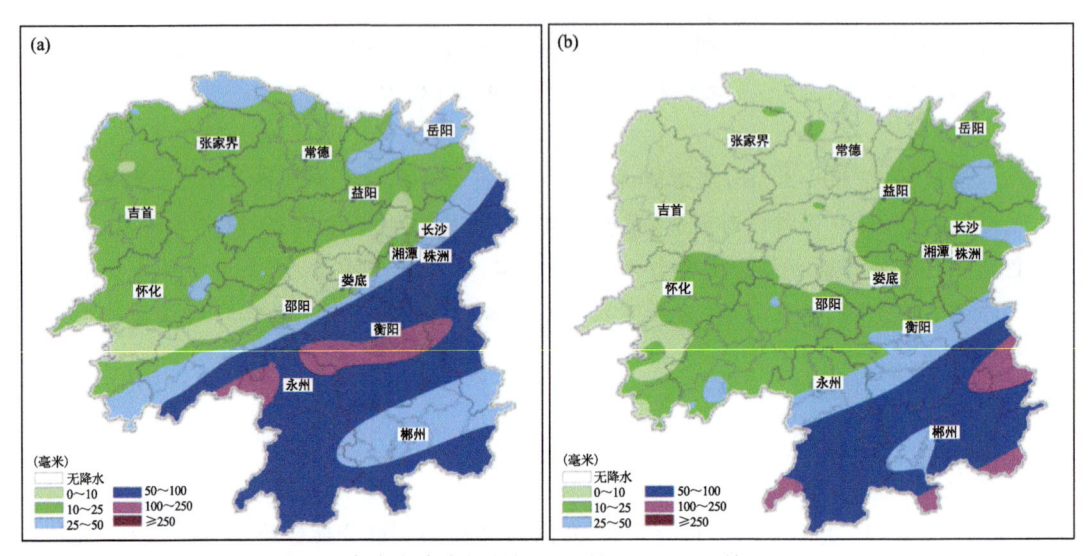

图2 湖南省降水量预报(a.6月19日,b.6月20日)

过程累积雨量:6月17日08时至21日08时,怀化南部、邵阳南部、永州、郴州、衡阳、湘潭、株洲、长沙东部累积雨量120～200毫米,其中,邵阳南部、永州、郴州西部和北部、株洲中南部250～350毫米。过程最大小时雨强60～80毫米,局地可达90毫米以上(图3)。

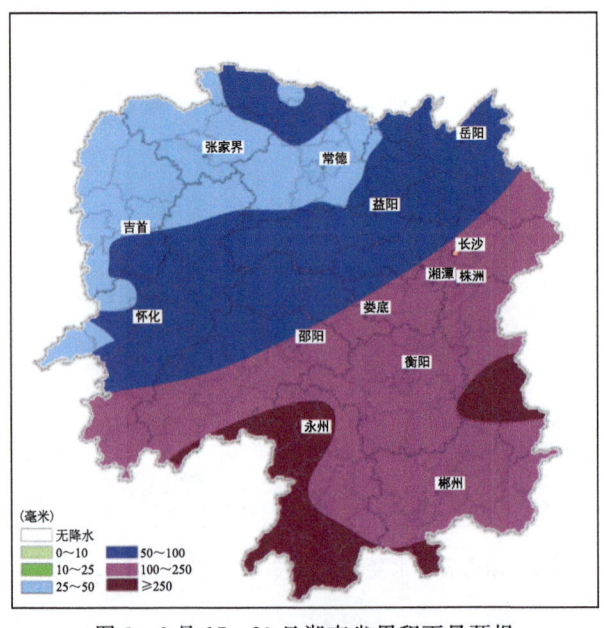

图3 6月17—20日湖南省累积雨量预报

21日,强降雨过程趋于结束。永州、郴州、株洲南部、衡阳南部部分地区中雨,局地仍有大雨。

22—25日,副高西伸加强,并北抬逐渐控制湖南省,大部分地区逐渐转为晴天到多云天气,部分地区将出现35 ℃以上高温,湘西、湘南部分地区午后到傍晚有阵雨或雷阵雨。

二、建议

(1)重点关注永州、郴州、衡阳、株洲、怀化南部、邵阳南部、长沙东部地区持续强降雨及极端降雨可能诱发的山洪、地质灾害、中小河流洪水和城市内涝等次生灾害。

(2)警惕湘江中上游、资水上游、沅水巫水渠水支流、珠江北江支流宜章段水位快速上涨的致灾影响,做好江河库塘安全度汛工作。

(3)全省早稻将陆续进入抽穗开花关键期,中稻处于分蘖盛期,均为产量形成的重要时期,湘南地区需提前疏通沟渠,降低田间和塘坝水位,确保强降雨时段排水畅通;强降雨过程结束后,湘中、湘南地区需注意追肥和做好二化螟、稻瘟病、纹枯病等病虫害防控。

孟加拉湾气旋风暴"西特朗"气象保障服务

边巴卓嘎　卓玛　普次仁　次旦巴桑　赤曲　德吉白珍

（西藏自治区气象台　2022年12月4日）

摘要： 2022年10月23日夜间至28日，受孟加拉湾气旋风暴"西特朗"和南支槽共同影响，西藏中东部出现了强雨雪天气过程，其中，林芝、那曲东部和山南南部部分站点出现暴雨（雪）天气。此次降雨过程具有持续时间长、范围广、强度大、相态复杂等特点，西藏自治区各级气象部门高度重视本次孟加拉湾气旋风暴过程预报预警工作，区局领导靠前指挥，全过程参与灾害性天气的监测、预报、服务全过程。区气象台全体职工克服疫情困难，顶住压力，攻坚克难，以"早、准、快、广、实"的服务理念和"时刻放心不下"的责任心，打赢了气旋风暴"西特朗"气象服务攻坚战，确保做好预报预警服务工作。

一、基本情况

风暴移动路径： 10月23日20时，孟加拉湾气旋风暴"西特朗"（以下称"西特朗"）在孟加拉湾南部海面生成并迅速加强，25日凌晨登陆孟加拉邦沿海地区，并于25日夜间减弱为深低压，受"西特朗"外围云系及南支槽槽前云系共同影响，给我国西藏中东部带来强降水，尤其是在沿喜马拉雅山脉南麓地区，出现了暴雨雪天气。

影响因子： 受"西特朗"东移北抬及南支槽东移的共同影响。

过程特点： ①降水范围广。10月23日夜间到28日，位于西藏中东部的林芝、山南、昌都、那曲中东部和拉萨北部均出现小到中雨（雪）以上降水量级，其中，林芝76个站点、山南39个站点、那曲25个站点和昌都20个站点累积降水量超过10毫米。②降水强度大。林芝、那曲东部和山南南部部分站点出现了特大暴雪和暴雨（雪）天气，其中，3个国家气象站（察隅、隆子和琼结）的日降水量超过了10月日降水量极端值，墨脱德尔贡、墨脱西让、墨脱52K、南伊沟、古乡等自动气象站累积降水量超过100毫米，国家基本气象站察隅、波密、米林、墨脱和错那的累积降水量分别达到82.4毫米、76.9毫米、72.9毫米、72.5毫米和70.8毫米。③强降水带集中、持续时间长。过程期间强降水主要集中在西藏中东部的林芝、山南、昌都和那曲中东部。西藏中东部部分站点连续出现日降水量10毫米以上，其中，24日和25日的部分站点日降水量超过50毫米以上。④雨雪相态复杂、转换快。西藏东部10月最低温度0℃线上下摆动大，加之地形复杂，海拔落差大，在降水前一日受西南气流北上影响，东部大部最低温度回升至−5～12 ℃，导致降水在不同区域不同海拔有雪、雨夹雪、雨和冻雨等不同相态。

过程累积降水量： 墨脱68.8～118.9毫米，米林22.6～106.2毫米，波密24.1～102.5

毫米,察隅 33.7~94.2 毫米,勒布沟 85.5 毫米,斗玉 83.6 毫米,扎日 82.5 毫米,错那 70.8 毫米(25 日 08 时积雪 37 厘米),巴宜区 12~55.5 毫米,然乌 50.2 毫米,朗县 8.7~48.4 毫米,洛扎 47.8 毫米,错那曲卓木 46.1 毫米,隆子妮壤港 39.8 毫米,洛隆察达 37.6 毫米,巴青 35.9 毫米,措美古堆 35.7 毫米,嘉黎 21.9 毫米(26 日 08 时积雪 15 厘米),丁青 22.7 毫米(26 日 08 时积雪 2 厘米),昌都 21.8 毫米。

二、监测预报预警情况

应各级气象部门对标"早、准、快"的要求,切实做好灾害性天气预警预报,中国气象局和西藏自治区气象局高度重视本次孟加拉湾气旋风暴过程预报预警工作。

在中国气象局的指导下,西藏自治区气象局于 22 日与中央气象台、四川省气象局进行电话会商,于 24 日全国会商中加强对西藏天气趋势进行会商研判。

在西藏自治区气象局蒲强副局长精密指挥和部署以及各级气象部门密切配合下,自 22 日起实时关注"西特朗"和南支槽动向,于 23 日疫情防控期间召开全区孟加拉湾气旋风暴"西特朗"会商,同时要求各单位、各部门围绕"监测精密、预报精准、服务精细"的要求,做到提前预判,主动服务,加强情报收集上报,全力以赴开展了预报预警和决策气象服务工作。

(1)提前精准预报。西藏自治区气象台(以下简称区气象台)密切关注"西特朗"和南支槽对西藏中东部的影响,提前 3 天在 10 月 20 日发布的《旬预报》中,精准预报出此次孟加拉湾气旋风暴和南支槽对我区中东部有较大影响,指出"旬中后期中东部有明显降水过程;24—27 日,中东部普遍有小到中雨(雪),其中,林芝、昌都和山南低海拔乡镇有大雨,高海拔地区(4000 米以上)有大到暴雪"。10 月 22 日发布《天气消息》1 期,明确提到"受孟加拉湾风暴和南支槽共同影响,预计 23 日夜间至 27 日,林芝、昌都、山南东南部等地有中到大雨(雪)天气,局地大到暴雨(雪)"。10 月 23 日发布《周预报》,同样预报出"周一至周三在林芝、昌都和山南南部有中到大雨(雪),其中,林芝和山南东南部部分低海拔乡镇有暴雨,林芝和昌都高海拔局地有暴雪;那曲中东部有小雨(雪),部分地方有中雪;拉萨、山南北部和日喀则南部阴天有小雨",并在当天分别指导林芝、昌都市气象局发布重要气象报告。10 月 24 日发布《气象专报》1 期,并呈送至自治区坚参副主席。

(2)及时发布预警。10 月 23 日中国气象局发布气象灾害预警服务快报中指出,"10 月 24—27 日,西藏东部将有较强雨雪天气,其中,西藏东北部有中到大雪或雨夹雪,局地有暴雪或大暴雪;西藏东南部有中到大雨,局地有暴雨到大暴雨;西藏东部部分地区发生地质灾害的气象风险较高,局地气象风险高"。

区气象台根据中央气象台预报以及先前天气研判结果,于 10 月 24 日启动内部应急响应,16 时 30 分发布暴雪黄色预警,准确把握了过程开始的时间,根据降水过程演变,区气象台在 10 月 25 日 18 时 30 分继续发布暴雪黄色预警。同时区气象台加强对市、县的预报指导,开展视频、电话会商 10 多次,先后指导相关地市气象局发布相应预警信号,即 10 月 24 日林芝、山南市气象局发布强降雨蓝色预警、昌都市气象局发布暴雪黄色预警,10 月 25 日林芝市气象局继续发布强降雨蓝色预警,昌都市气象局则继续发布暴雪黄色预警。随着"西特朗"的减弱，西藏自治区气象局于10月26日09时解除暴雪黄色预警，指导林芝、那曲市气象局发布道路结冰预警和山洪地质灾害气象风险预警。

（3）预判风险联合发布山洪、地质灾害气象风险预警。区气象台提前向西藏自治区应急减灾厅、西藏自治区水利厅、西藏地质环境监测总站通报天气消息与实况监测情况，加强灾害气象风险会商研判和监测预警，与西藏自治区地质环境监测总站发布相关地质灾害气象风险预警，与西藏自治区水利厅联合发布山洪气象风险预警。

（4）恪尽职守、众志成城、抗击疫情。此次过程发生在疫情防控期间，区气象台始终坚守初心使命，以更加精准的预报预警，更加精细的预报服务，践行"人民至上、生命至上"理念。面临严峻的疫情形势，区气象台迅速启动应急响应，提前谋划部署，制订了应对各种防疫状态的气象服务应急预案，面对不同防疫政策，先后组织20余人实施轮岗值班、居家办公等业务模式，确保全区气象预报预警服务无差错。发布的预警信号和天气消息，短信覆盖16340人次。发挥了气象防灾减灾第一道防线作用，确保了无气象灾害发生。

三、气象服务情况

从强降水天气系统生成初期，西藏自治区气象局各级部门严阵以待，区气象台严密监视天气变化，从监测、预报、服务、信息收集等各个环节着手，所有业务岗位均严格值班制度，全力以赴应对暴雨（雪）天气过程，做到了预报准确、指导预报优质、提前预警、决策服务成效显著，区气象台及时向党委政府和相关部门提供决策气象服务材料，与外部门及时联动，发布相关气象风险预警，准确及时的气象服务为决策部门部署防灾提供了科学依据。

针对"西特朗"过程，各级预警信息发布中心及时通过当地电视、电台、微信、短信、微博、抖音等多种手段，向社会公众、应急责任人、驻村干部和信息员等发布预警信息，及时为公众提供权威、专业、准确的防御指引服务。

加强与中央气象台、四川省气象局、各地市县和相关部门的联合会商研判，西藏自治区气象局及时发布气象灾害预警和地质灾害风险预警，指导林芝、昌都气象局相继发布相关气象灾害预警，并采取电话、微信等方式将此次强降水预警内容发送至相关单位，有效发挥气象防灾减灾第一道防线作用。

四、气象防灾减灾效益

本次过程区气象台监测严密，预报准确，多方联合互动，并及时向西藏自治区党委、政府报送过程气象服务决策材料，西藏自治区政府收到我局关于此次暴雪过程的预报后，密切关注天气发展态势。与西藏自治区应急减灾厅、西藏自治区水利厅、西藏地质环境监测总站以及川藏铁路指挥部通报天气消息、气象预警信息与实况监测，加强灾害气象风险会商研判和监测预警，与西藏自治区地质环境监测总站发布相关地质灾害气象风险预警，各部门及时联动，准确及时的气象服务为决策部门部署防灾提供了科学依据，全区无人员伤亡报告。

优质高效的气象服务获自治区领导批示，庄严副主席对10月25日发布暴雪黄色预警作出批示，要求相关部门做好相关安排，严防重大事件发生。

第二篇

天气气候监测评估与预测

6月以来，全国高温日数为历史同期最多，极端性强，未来两周高温仍将持续，2022年高温将为1961年来最强

李佳英[1]　张立生[1]　周宁芳[1]　赵秀兰[1]　叶殿秀[2]　陈鲜艳[2]

邵佳丽[3]　高园[3]　王丽丽[4]　柳艳香[4]

（1. 国家气象中心；2. 国家气候中心；3. 国家卫星气象中心；

4. 中国气象局公共气象服务中心　2022年8月9日）

摘要：2022年6月以来，全国出现近年罕见的高温天气，全国以及江苏、河南、安徽、浙江、四川、贵州六省平均高温日数为1961年以来历史同期最多；全国出现35℃以上高温天气覆盖范围1674站、37℃以上覆盖范围1411站，均为历史第二多（仅次于2017年）；全国共有138个国家级气象站日最高气温持平或突破历史极值，其中，河北灵寿、藁城、正定和云南盐津日最高气温达44℃及以上。

受大范围持续高温影响，华东、华南地区电力供应和用电负荷屡创新高；气象干旱发展迅速，区域性、阶段性特征突出；南方农作物、经济林果等生长发育受到不利影响，其中，四川一季稻区和江南茶区高温热害较重；鄱阳湖、洞庭湖水体面积明显缩小，为近10年面积最小值。此外，浙江、河南、四川、重庆、上海、江苏等多地出现热射病患者。

预计未来两周，南方高温天气仍将持续，江汉、江淮、江南及四川盆地等地的高温日数可达10~14天，局地最高气温可达40℃以上。其中，12—15日高温范围最大，14—15日高温强度最大。预计2022年高温天气综合强度将为1961年以来最强，建议：一是加强防范持续高温对电力供应、城市运行等的不利影响，注意防范城镇和林区火灾。二是防范持续高温干旱对农业生产的不利影响。三是加强水资源科学调度，确保生产生活用水。四是做好防暑降温措施，降低热环境引发的热射病和溺水伤亡事件风险。

一、6月以来全国高温天气情况

2022年6月以来，我国出现近年罕见的高温天气，新疆大部、华北南部至华南等地高温日数普遍在20天以上，其中，新疆、内蒙古、河南、安徽、湖北、江苏、浙江、福建、江西、湖南、重庆等地部分地区达30天以上。与常年同期相比，华中北部、华东中部、四川盆地及陕西南部等地偏多15~20天，局地20天以上。2022年高温天气具有高温日数多、高温过程覆盖范围广、破历史极值站点多等特点。

全国高温日数为历史同期最多。6月以来（6月1日至8月8日），全国平均高温日数10.5天，较常年同期多4.2天，为1961年以来历史同期最多，江苏（23.7天）、河南（30.6天）、安徽（28.8天）、浙江（31.6天）、四川（16.5天）、贵州（7.8天）6省高温日数均为1961年

以来历史同期最多,鄂湘陕宁沪新 6 省(区、市)为第二多,甘肃为第三多。截至 8 月 8 日,6 月 13 日以来的区域性高温过程已持续了 57 天,为 1961 年以来我国区域性高温过程持续时间第二长(仅次于 2013 年,62 天)。

高温过程覆盖范围广。截至 8 月 8 日,我国出现 35 ℃ 以上高温天气覆盖范围达 1674 站、37 ℃ 以上覆盖范围达 1411 站,均为历史第二多(仅次于 2017 年),其中,7 月 25 日 35 ℃ 以上高温天气覆盖国土面积最大,达 294 万千米^2(图 1)。

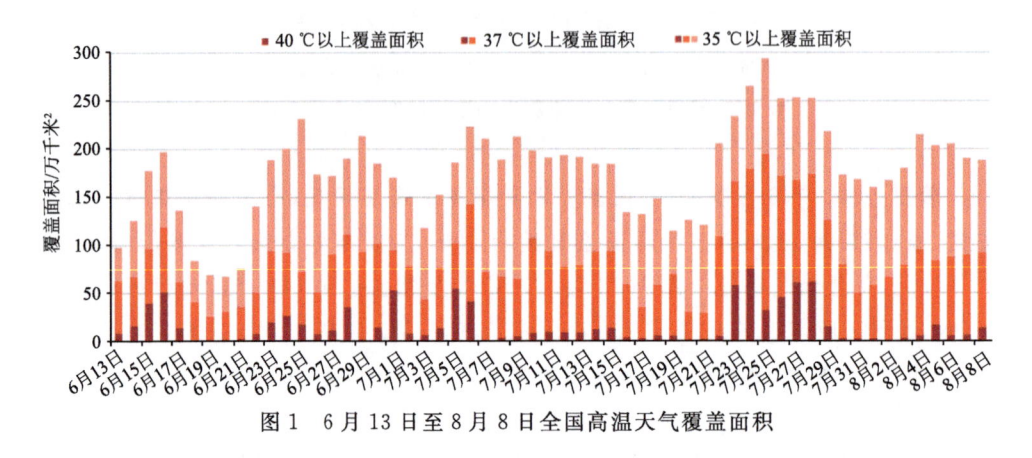

图 1　6 月 13 日至 8 月 8 日全国高温天气覆盖面积

高温破历史极值站点多。全国共 733 个国家级气象站日最高气温达到极端高温事件标准(图 2),河北、陕西、四川、浙江、福建、广东等地 138 个国家级气象站日最高气温持平或突破历史极值,其中,河北灵寿(44.2 ℃)、藁城(44.1 ℃)、正定(44.0 ℃)和云南盐津(44.0 ℃)日最高气温达 44 ℃ 及以上。

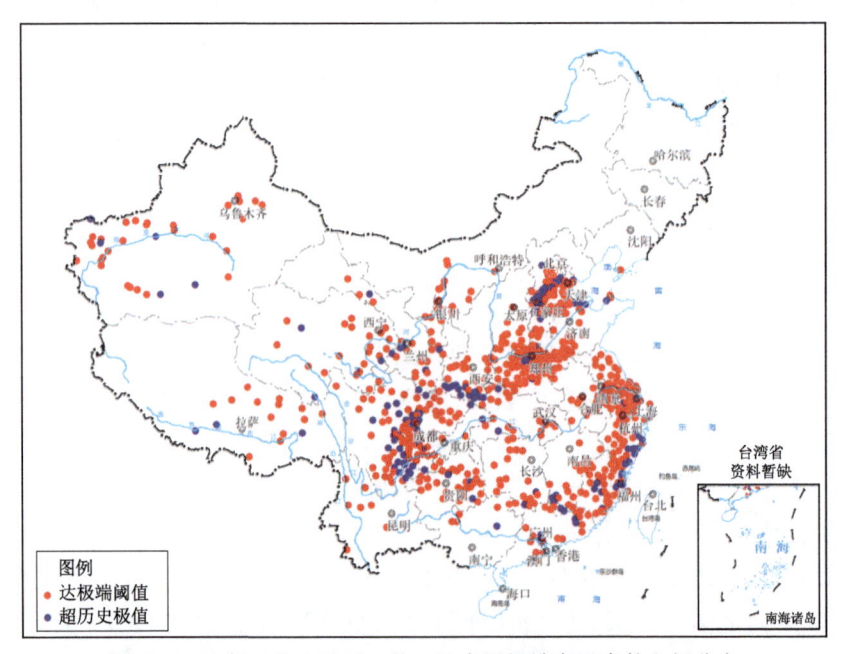

图 2　2022 年 6 月 1 日至 8 月 8 日全国极端高温事件空间分布

持续高温成因分析:全球气候变暖是造成我国2022年入夏以来持续高温热浪事件发生的气候大背景,大气环流异常则是导致其发生的直接原因。入夏以来,西太平洋副热带高压整体较常年同期偏强偏大,并呈阶段性增强,受其控制,我国中东部大部地区上空盛行下沉气流,有利于地面增温,加之空气较为干燥,不易形成云,也使得太阳辐射更容易到达地面,导致高温频发,且强度较强,进而造成出现持续高温热浪事件。

二、持续高温天气影响分析

(一)华东和华南电网负荷屡创新高

受大范围持续高温影响,6月,西北、华北等地区用电负荷增速较快,与去年同期最高用电负荷相比,增速分别达8.81%、3.21%;其中,6月17日,江苏省最高调度负荷今夏首次破亿千瓦,较去年提前19天。7月,华东、华南地区电力供应和用电负荷屡创新高;其中,7月15日,全国最高电力负荷达12.6亿千瓦,较去年增加4500万千瓦。从重点省份来看,浙江(7月11日)、广东(7月25日)最高用电负荷均超过1亿千瓦,创历史新高。

中国气象局电力负荷气象条件指数显示:6月20日以来,四川、江苏、陕西、安徽、河南、河北、浙江、江西、山东等省份电力负荷气象条件指数连续多日明显高于历史同期水平,其中,四川、陕西连续20天电力负荷气象条件指数明显高于历史同期水平,四川、江苏、陕西明显高于历史同期水平,总日数超过40天。在此情况下,目前未出现拉闸限电现象,反映出全国在能源供应和电力调度方面的能力不断提升。

此外,浙江、河南、四川、重庆、上海、江苏等多地出现热射病患者,甚至出现多起死亡病例;因热射病就医或死亡的人数高于往年。

(二)华东、华中及西南地区等地气象干旱发展

6月以来,全国大部温高雨少,气象干旱发展迅速,区域性、阶段性特征突出。6月中旬,北方旱区气象干旱发展,截至6月20日,全国中旱及以上面积达138.2万千米^2。6月下旬至7月中旬,大部地区温高雨少,气象干旱再度发展,截至7月17日全国中旱及以上面积达226.3万千米^2。7月下旬,部分旱区出现阶段性降水过程,西北地区东部、华东东部、华中北部及四川大部、重庆、贵州等地气象干旱有所缓解。

8月以来,华东大部、华中大部、华北南部、西北地区东南部、西南地区东部和北部持续高温少雨天气,四川西部、湖北西部、江西北部和东部、浙江大部、河南西南部、山西北部、河北北部、新疆东部、西藏中部和广西西南部等地持续中度以上气象干旱,局部地区特旱。截至8月8日,全国中旱及以上面积达190.1万千米^2,特旱5.4万千米^2。

(三)影响南方地区一季稻和经济林果作物生长

6月以来持续高温天气不利南方农作物、经济林果等生长发育。其中,高温对早稻充分灌浆和籽粒重提高不利,局地出现"高温逼熟",对晚稻返青分蘖以及处于孕穗开花和灌浆期的一季稻产生一定程度的不利影响,四川一季稻高温热害发生日数为近10年同期第三多;晴热少雨导致江南茶区大部出现轻至中度高温热害,局地茶树发生日灼,部分地区柑橘、芒果、香蕉、百香果等出现裂果、落果、日灼伤害等现象。此外,持续温高雨少导致四川盆地东

南部、安徽中南部等地土壤墒情偏差,不利一季稻、玉米等秋粮作物产量形成。

截至目前,相比2013年,2022年南方高温开始时间早,范围略大,四川盆地东部一季稻等作物受高温热害影响比2013年重;而南方地区尤其长江中下游地区农业干旱明显轻于2013年。

(四)鄱阳湖、洞庭湖水体面积明显缩小

利用FY-3D气象卫星对鄱阳湖6月13日以来的水体面积监测显示,鄱阳湖水体面积呈显著减少趋势。其中,8月4日水体面积约为2009千米^2,较6月14日水体面积减少约42%。同时利用长时间序列鄱阳湖水体面积统计可见,8月4日水体面积与近10年同期平均值相比减少约39%,与去年同期相比减少约36%,为近10年面积最小值。

利用FY-3D气象卫星对洞庭湖6月13日以来的水体面积监测显示,洞庭湖水体面积呈减少趋势。其中,8月3日水体面积约为868千米^2,较6月14日水体面积减少约40%。同时利用长时间序列洞庭湖水体面积统计分析表明,8月3日水体面积与近10年同期平均值相比减少约45%,与2021年同期相比减少约40%,为近10年面积最小值。

三、未来两周高温天气趋势预测

预计未来两周(8月10—23日),我国南方地区高温范围大、持续时间长,江汉、江淮、江南及四川盆地等地的高温日数可达10~14天,其中,重庆、湖北、安徽、江苏、湖南、江西北部、浙江、福建北部局地最高气温可达40℃以上。其中,12—15日高温范围最大,14—15日高温强度最大,影响人口约5.7亿(图3),陕西南部、湖北、河南、安徽以及江苏等地日最高气温可达38~41℃,上述局部地区最高气温可能达到或突破历史同期极值。17日之后,江淮、江南及四川盆地和湖北等地仍持续高温天气,但强度和范围较前期都有所减弱。

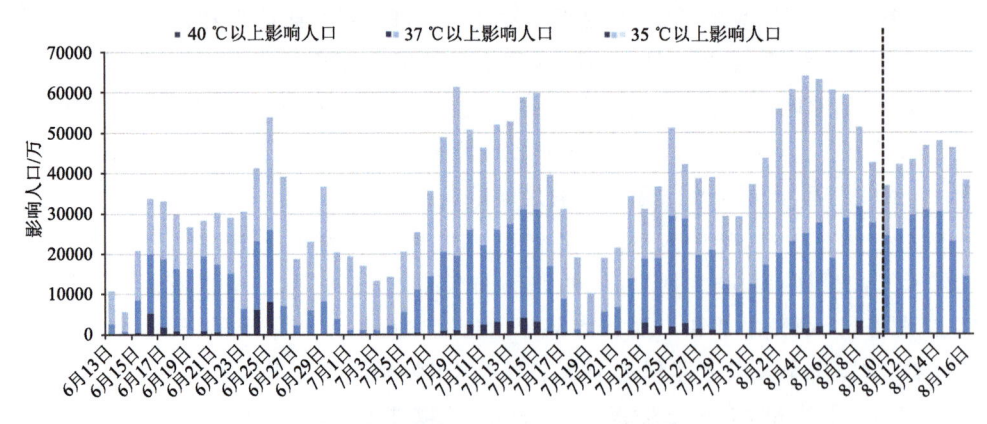

图3 全国高温影响人口(6月13日至8月16日)

四、关注与建议

2013年的南方持续高温天气以及2006年川渝极端高温天气曾导致出现大范围的干旱,部分地区的农业生产受到严重影响。2022年6月以来持续高温天气已导致华东、华南地区

用电负荷屡创新高,部分地区旱情发展。预计未来两周南方高温天气仍将持续,2022年高温天气综合强度将为1961年以来最强,为此建议:

一是继续防范持续高温对电力供应、城市运行等的不利影响。目前,正是南方高温伏旱季节,部分地区高温持续时间长,需继续做好电力供应和调度,保障城市生产、生活物资供应,并注意防范城镇和林区火灾。

二是防范持续高温、干旱对农业生产的不利影响。8月中旬,四川盆地东部、湖北中东部、安徽中南部、江苏中南部、浙江中北部、陕西南部等地一季稻将进入孕穗抽穗期,四川盆地东部部分地区进入灌浆乳熟期,上述地区发生一季稻高温热害风险较高,需提前采取措施,预防或减轻高温危害;棉花产区应适时灌溉,做好计划用水,防范高温干旱的不利影响。

三是加强水资源科学调度,确保生产生活用水。南方地区长期温高少雨,部分地区湖泊、水库蓄水减少,需加强水资源科学调度和管理,充分利用降雨有利时机蓄水保水,有效保障群众生活生产用水需求。

四是做好防暑降温措施,降低热环境引发的热射病和溺水伤亡事件风险。持续的高温热浪天气会造成热相关疾病的发生,建议媒体、学校和社区开展高温中暑和溺水相关的科普知识宣传,提高全民健康风险防范意识,积极采取防暑降温措施,尽可能避免热射病和溺水伤亡事件的发生。

2022年夏季,我国中东部高温事件综合强度居历史第一,亟须加强应对气候变化和极端事件风险能力

叶殿秀　崔童　王凌　李威　高歌　李莹　尹宜舟
石英　徐影　陆波　陈丽娟　肖潺

（国家气候中心　2022年9月2日）

摘要: 2022年夏季,我国平均气温较常年同期偏高1.1 ℃,为1961年以来历史同期最高,高温日数为历史最多。6月13日至8月30日,我国中东部地区出现了大范围持续高温天气过程,具有持续时间长、范围广、强度大、极端性强等特点,其综合强度为1961年有完整气象观测记录以来最强。全球气候变暖是造成极端高温频繁发生大的气候背景,持续性大气环流异常是2022年持续高温天气形成的直接原因。未来我国极端高温事件呈增多趋势,高温干旱复合型事件发生概率和风险也将持续增加。为此建议:构建气候变化风险早期预警体系,开展气候变化综合影响评估,提升重点行业领域对极端事件的适应韧性,加强气象灾害科普宣传,提高极端灾害公众防御意识。

一、2022年夏季我国平均气温为1961年以来历史同期最高,高温日数为历史最多

夏季(6月1日至8月31日),我国平均气温22.3 ℃,较常年同期偏高1.1 ℃,为1961年有完整气象观测记录以来历史同期最高;我国平均高温日数14.3天,较常年同期偏多6.3天,为1961年以来历史同期最多。四川东部、重庆、湖北大部、湖南、江西、安徽大部、江苏南部、上海、浙江、福建大部、陕西南部等地高温日数达40～50天,大部地区较常年同期偏多20～30天(图1)。浙闽川渝等13省(市)高温日数均为1961年以来历史最多。

二、我国中东部区域性高温热浪事件为历史最强

6月13日至8月30日,我国中东部地区出现了大范围持续高温天气过程,具有持续时间长、范围广、强度大、极端性强等特点,其综合强度为1961年有完整气象观测记录以来最强。

持续时间长。6月13日至8月30日,此次高温事件持续79天,为1961年以来我国高温过程持续时间最长,远超2013年(62天)和2017年(50天)的典型高温事件。湖南祁阳、江西上饶、浙江常山、福建浦城等15个市(县)连续高温日数达42天。气象卫星数据监测显示,华北东南部、黄淮西部、江淮、江汉、江南大部、西南地区东部等地地表温度高于40 ℃的

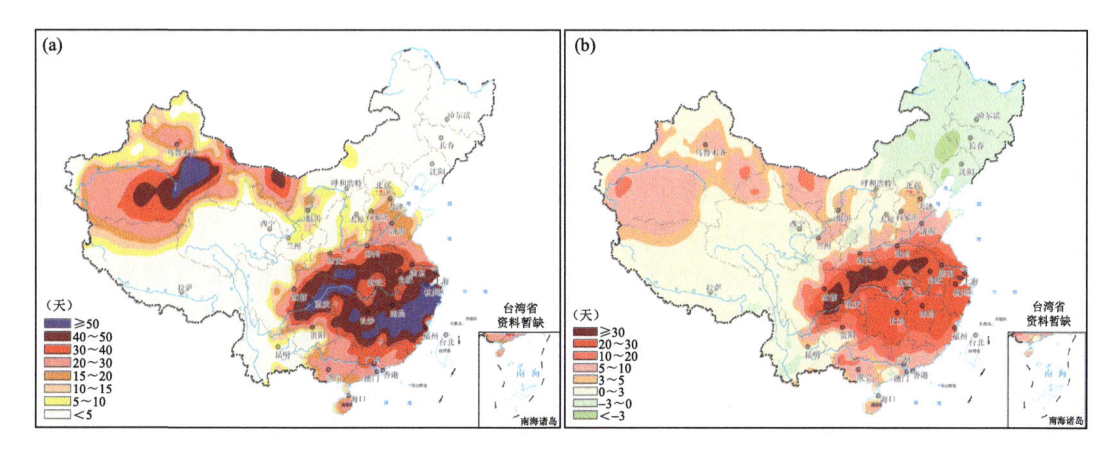

图1　2022年6月1日至8月31日全国高温日数(a)及距平(b)分布

日数在40天以上。

范围广。此次高温事件35 ℃以上覆盖1692站(占全国总站数70%),为1961年以来历史第二多,仅次于2017年的1762站(占全国总站数73%);37 ℃以上覆盖1445站(占全国总站数60%),为1961年以来最多;40 ℃以上覆盖范围达102.9万千米^2,为1961年以来最大。

极端性强。此次高温事件全国共1056个国家级气象站(占全国总站数43.6%)日最高气温达到极端高温事件标准,有361站(占全国总站数14.9%)达到或突破历史日最高气温极值;重庆北碚日最高气温连续2天达45 ℃。

三、高温对当地工农业生产、水资源、生态环境、能源保供、人体健康及生活等造成不利影响

南方地区农作物、经济林果生长发育受到影响。持续高温少雨导致南方地区农业干旱迅速发展。高温干旱对一季稻开花授粉和灌浆、玉米抽雄吐丝、晚稻返青分蘖和棉花开花结铃造成不同程度影响,部分地区柑橘、芒果、香蕉等出现裂果、落果、日灼伤害等现象。

鄱阳湖、洞庭湖水体面积明显缩小。持续高温少雨导致南方地区江河、库塘蓄水明显减少。气象卫星数据显示:8月21日鄱阳湖和洞庭湖水体面积分别约为1010千米^{2}和546千米^2,较近10年同期平均值减小约65%和60%,均为近10年面积最小值。据江西省应急管理厅消息,鄱阳湖提前100天进入枯水期。

四川、重庆等多地发生森林火灾。持续高温干旱导致我国南方地区火灾风险提升,火点数量显著增多。经统计,2022年8月中、上旬,四川、重庆等地火点数量相比去年同期增多8倍以上,为近20年同期最大值。

四川等多地用电需求激增,能源供应紧张。持续高温致使华东、西南两个区域电网以及浙江、四川、重庆等12个省级电网负荷累计30次创历史新高。其中,四川省于8月21日启动突发事件能源供应保障一级应急响应;重庆、上海、江苏、浙江等地工厂安排错峰生产,让电于民。

四、全球气候变暖背景叠加大气环流异常是导致极端高温热浪发生的根本原因

全球气候变暖是造成极端高温发生大的气候背景。在全球变暖的气候背景下,平均温度升高,高温天气的发生也趋于频繁。20世纪中期以来,我国气候变暖的幅度明显高于同期全球平均水平,极端高温事件增多增强或已成为新常态。

持续性大气环流异常是持续高温天气形成的直接原因。6月我国东部地区的高温主要受到西风带暖高压和西太平洋副热带高压的共同影响;7月以来我国东部高温主要受到西太平洋副热带高压偏强偏大且异常西伸的影响。在暖高压控制的地区,盛行下沉气流,不易成云致雨,天空晴朗少云,太阳辐射强,近地面加热强烈,极易形成持续性高温天气。

五、未来我国极端高温事件呈增多趋势,高温干旱复合型事件发生概率和风险也将持续增加

未来我国极端高温事件在不同排放情景下均呈增多趋势。到2035年前后,类似于2013年、2022年夏季的极端高温事件在我国中东部地区可能会变为两年一遇,到21世纪末我国中东部许多地区发生极端高温事件的风险则将是目前的几十倍。

未来高温干旱复合型极端事件发生的概率和风险也将持续增加。未来欧亚大陆北部、欧洲、澳大利亚东南部、美国大部分地区、印度和中国西北部地区的高温干旱复合型极端事件都将增加。到21世纪末,北半球复合极端高温事件发生的频率将是现在的4~8倍,未来高温干旱复合型极端事件的风险强度也将持续增加。未来"小概率高影响"事件也将更易于出现,防范极端气候风险面临严峻挑战。

六、亟须加强应对气候变化和极端事件风险能力

持续性的极端高温事件以及叠加的干旱灾害等将对粮食安全、水资源、生态系统、人体健康、能源保供、交通运输等领域带来诸多不利影响,为加强应对气候变化和极端事件风险能力,在此建议:

(1)构建气候变化风险早期预警体系。深化极端气候事件变化时空规律及其影响机理研究,加强极端天气气候事件的综合实况监测,提升无缝隙、全覆盖精准预报预测水平,大力发展极端天气气候事件和复合型灾害预警技术,强化预警信息发布和风险防范体系。

(2)开展气候变化综合影响评估,提升重点行业领域对极端事件的适应韧性。加强高温干旱等气象灾害对农业生产、电力系统供需、水资源等影响评估技术研究;研发基础设施与重大工程极端事件影响监测和风险预警技术,推动构建全面覆盖、重点突出的适应气候变化区域格局,提高全社会的气候韧性水平。

(3)加强气象灾害科普宣传,提高极端灾害公众防御意识。充分利用互联网、社区、学校等多渠道、多方式加强气象灾害科普宣传,将极端气象灾害防御知识列入义务教育内容,提高公众自然灾害安全防范意识和避险自救互救能力。

2022年汛期全国气候趋势及主要气象灾害滚动预测意见

袁媛　章大全　韩荣青　曾红玲　姜允迪　艾婉秀　侯威

（国家气候中心　2022年5月27日）

摘要：2022年5月26日，国家气候中心组织汛期滚动预测会商，对2022年汛期气候趋势及主要气象灾害进行研判。与3月底发布的预测相比，对2022年夏季"主要多雨区位于我国北方地区"的总体意见不变，局部有订正，主要有以下几个方面：①北方降水偏多的区域南扩至江南北部，东北北部降水由偏多调整至接近常年，同时西藏南部降水由偏多1~2成调整为偏多2~5成；②西北地区气温偏高1℃以上的区域范围扩大，华北、黄淮气温由偏高调整为接近常年，东北东部地区气温由接近常年调整为偏高1~2℃；③全年台风的预测意见不变，并补充给出夏季台风预测信息。

主要订正依据为：①夏季大气环流略有调整，水汽输送略有南移，鄂霍次克海高压加强，这有利于夏季北方雨带南界南扩、北界南压；②春季青藏高原积雪转为偏少，这有利于印度夏季风偏强和南亚降水偏多，因此增加了西藏南部降水偏多的程度；③夏季气温维持了全国总体偏暖的预测结论，但是考虑到北方多雨中心南压，降水和气温的反相关关系，以及拉尼娜事件持续可能导致的欧亚中高纬环流经向度阶段性增大的特征，将华北、黄淮等地气温由偏高调整为接近常年。

一、2022年汛期我国气候状况为一般到偏差，旱涝并重，多雨区主要位于我国北方

预计2022年汛期我国气候状况总体为一般到偏差，区域性、阶段性的旱涝灾害明显，极端天气气候事件偏多，季节内气候变率大，主要多雨区在我国北方；夏季登陆我国的台风个数接近常年。江南梅雨开始时间较常年（6月9日）偏早，雨量较常年偏少；长江梅雨开始时间较常年（6月14日）偏早，雨量较常年略偏多；江淮梅雨开始时间较常年（6月23日）偏早，雨量较常年偏多；华北雨季开始时间较常年（7月18日）偏早，雨量较常年偏多。

二、黄河流域中下游、海河流域、辽河流域、淮河流域降水明显偏多，可能有较重汛情

预计2022年东亚夏季风偏强，西太平洋副热带高压强度略偏强、脊线位置偏北、西伸脊点偏西。夏季（6—8月）主要多雨区位于我国北方，包括东北南部、华北、华东北部和中部、华中北部和中部、西北东部、西南东北部等地，次要多雨区位于华南南部、西南南部、西藏南部，局地发生极端性强降水的可能性较大。黄河流域中下游、海河流域、辽河流域、淮河流域

降水较常年同期明显偏多,暴雨过程多,可能有较重汛情;华东西南部、华中南部、西南东南部、华南北部、新疆、西北西部等地降水偏少,可能出现阶段性气象干旱。

与常年同期相比,内蒙古南部、吉林大部、辽宁、北京、天津、河北、山西、陕西、宁夏南部、甘肃东部、山东、河南、江苏、安徽、上海、浙江北部、湖北、江西北部、湖南北部、重庆大部、四川东部、西藏南部、云南大部、广西南部、广东西南部、海南等地降水偏多,其中辽宁南部、北京、天津、河北大部、山西大部、陕西大部、山东、河南、湖北北部、安徽北部、江苏北部和中部、西藏南部降水偏多2~5成,局部地区可能发生极端强降水过程,并可能引发洪涝灾害。全国其余地区降水接近常年同期到偏少,其中贵州东南部、湖南南部、广西北部、新疆、甘肃西部、青海西北部、内蒙古西部等地偏少2~5成。

预计2022年夏季,我国各流域的降水状况是:黄河流域中下游、海河流域、辽河流域、淮河流域降水较常年同期明显偏多,暴雨过程较多,有较重汛情;珠江流域南部、黄河流域上游部分地区降水略偏多;长江流域北部降水较常年同期偏多,南部降水偏少;太湖流域降水较常年同期偏多。

三、2022年夏季我国中东部大部气温接近常年到偏高,华东、华中、新疆等地可能出现阶段性高温热浪

预计2022年夏季,黑龙江大部、吉林大部、山东南部、河南中东部、江苏、安徽、湖北大部、上海、浙江、江西、湖南、福建、广东北部和东部、台湾、新疆、内蒙古西部、甘肃中西部、宁夏北部、青海、西藏中西部等地气温较常年同期偏高,其中,黑龙江东部、吉林东北部、江苏中南部、安徽中南部、上海、浙江、福建大部、江西大部、湖南东部、湖北东部、新疆、内蒙古西部、甘肃西部、青海中西部、西藏西部和北部等地偏高1~2℃,上述地区高温(≥35℃)日数较常年同期偏多,可能出现阶段性高温热浪,全国其余地区气温接近常年同期。东北地区出现持续性低温的可能性较小。

四、夏季登陆我国的台风个数接近常年同期,强度总体偏弱,盛夏北上台风影响我国的可能性大

预计2022年夏季在西北太平洋和南海海域生成的台风个数为7~10个,较常年(11个)偏少;登陆我国的台风个数为4~5个,接近常年(4.7个),台风总体强度偏弱,台风活动路径以西北行为主,盛夏发生北上登陆台风的可能性大。

五、主要气象灾害展望和防御建议

预计2022年汛期可能发生的气象灾害及建议如下:

(1)阶段性强降水和暴雨洪涝。黄河流域中下游、海河流域、辽河流域、淮河流域暴雨过程较多,需注意防范较重汛情影响。长江流域北部、珠江流域南部、黄河流域上游部分地区需注意防范阶段性强降水和引发的洪涝灾害。其中,6月需特别防范长江流域和淮河流域的洪涝灾害,7—8月重点防范黄河流域、海河流域、辽河流域、珠江流域的洪涝灾害。

(2)台风。2022年台风影响可能偏重,尤其7—8月发生北上台风的可能性大,主要影响

我国华南东部沿海、华东和北方部分地区,要防御台风带来的暴雨洪涝、大风和风暴潮灾害。

(3)高温热浪。夏季中东部大部地区气温较常年同期偏高,高温日数偏多,阶段性高温热浪明显。其中,6月北方高温影响重,主要发生在华北大部、华中北部、华东北部、西北地区东部等地;7—8月南方高温伏旱影响重,主要发生在华东、华中等地,可能出现高温过程长的情况,应注意对高温热浪对人体健康的不利影响,做好防暑降温,要应对长时间高温天气带来能源电力供应紧张状况,做好应急准备工作。

(4)气象干旱。6月,华北大部、华东北部、华中北部、西北地区中东部等地降水偏少、气温偏高,旱情可能进一步发展,上述部分地区表层墒情偏差,不利夏种及出苗生长。7—8月,华东南部、华中南部、华南北部、西南东部、新疆、西北西部等地降水偏少,可能发生阶段性气象干旱,南方稻区需防范水稻高温热害,以及干旱对水稻生产用水的影响,注意加强库塘蓄水。

(5)山洪、地质灾害。西北地区南部和西南地区出现山洪、地质灾害可能性大,要做好防御准备。其中,川藏铁路沿线地形复杂,需特别注意极端强降水及引发的山洪、地质灾害对铁路施工和人员安全带来的不利影响。

(6)强对流。东北、华北、华东、华中等地短时强降水、雷雨大风、龙卷、冰雹等强对流天气较为频繁,需采取措施降低对工农业生产、基础设施和人身安全的影响。

(7)城市内涝。受全球气候变暖的影响,局地强降水发生的频率和强度均增加,极端性更强。今年我国夏季旱涝并重,尤其是7—8月主雨带位于我国北方地区,需做好中小河流的防汛和城市内涝的防范工作,特别要防范局地发生强降雨,提前做好防灾减灾应对部署。

春季以来,华南前汛期开始偏早、南海夏季风暴发偏早、西南雨季开始偏早,这些季节进程偏早的特征都表现出了对赤道中东太平洋拉尼娜事件的典型响应。但是,除了拉尼娜,我国气候异常还会受到其他海区(如印度洋、大西洋等)海温变化,以及积雪、极冰等其他因素的影响,这些因素在未来夏季的演变及其气候影响仍存在较大的不确定性,需要密切监测其演变和对夏季气候异常季节内变率的影响。气象部门将继续加强监测预测,及时滚动订正气候预测意见。

预计 2022 冬季，北方部分地区气温偏低，供暖压力较大，南方地区受持续干旱影响，电力供应压力大

王丽娟　彦波　孙林海

（中国气象局公共气象服务中心风能太阳能中心　2022 年 10 月 27 日）

摘要：预计今年冬季（2022 年 12 月至 2023 年 2 月），影响我国的冷空气强度总体偏弱，全国大部地区气温接近常年同期或偏高，气温变化的阶段性特征明显，前冬偏暖，后冬偏冷；全国降水总体偏少。内蒙古东部和西部、东北地区北部、西北地区中东部等北方供暖地区的气温较常年同期偏低 1～2 ℃，可能造成天然气日消费量增加 1000 万米^{3}左右；南方地区出现夏秋冬连旱的可能性大，长江干流及主要支流来水量较常年同期偏少 2～8 成，浙江、福建、湖南（三省水力发电装机容量靠前）气温偏高、降水偏少，水电出力受限；华南大部、西南地区东南部气温较常年同期偏低，湖南、贵州等地今冬中后期可能出现阶段性低温雨雪冰冻天气过程，输电线路发生灾害性覆冰事件的可能性较大。

一、今年冬季全国气候趋势预测及主要气象灾害

预计冬季全国大部地区气温接近常年同期或偏高，其中，上海、江苏、浙江、安徽、江西东北部、山东、河南东部、湖北东北部等地偏高 1～2 ℃；而内蒙古东北部、黑龙江、陕西西部、甘肃中部和东部、青海东北部和宁夏等地偏低 1～2 ℃。气温变化的阶段性特征明显，2022 年 12 月至 2023 年 1 月中旬，影响我国的冷空气强度较弱；2023 年 1 月下旬至 2 月，冷空气强度逐渐加强。

预计冬季全国大部地区降水总体偏少。其中，上海、江苏、浙江、安徽、福建北部、江西北部、山东、河南东部、湖北东部、湖南东北部、云南大部等地降水偏少 2～5 成。而内蒙古东北部、黑龙江中北部、陕西西部、甘肃中部和东部、青海东北部和宁夏大部等地偏多 2～5 成。

预计浙江、福建、江西、湖南等省今年冬季重度及以上气象干旱可能进一步发展，发生夏秋冬连旱的可能性大。华东北部、西南地区南部冬季气温偏高、降水偏少，森林火险等级高。湖南、贵州等地冬季中后期可能出现阶段性低温雨雪冰冻天气过程。东北地区北部、西北地区大部等地可能出现阶段性强降温、强降雪过程。

二、对能源保供的影响分析

（1）北方部分地区供暖压力较大。从供暖需求来看，内蒙古东北部、黑龙江、陕西西部、甘肃中部和东部、青海东北部和宁夏等地气温较常年偏低 1～2 ℃，且降水量较常年偏多 2

成以上,湿冷天气较多,供暖负荷需求将有明显增加,天然气日消费量可能增加 1000 万米^{3}左右。此外,东北地区北部和西北地区发生极端寒潮、阶段性强降温、强降雪的可能性大,供暖用能需求可能高于历史同期,并出现阶段性用能峰值。

(2)南方地区水电乏力,输电线路发生覆冰灾害风险较高,电力供应压力较大。从冬季降水趋势预测看,南方地区出现夏秋冬连旱的可能性大,水力发电装机容量靠前的浙江、福建、湖南三省气温偏高、降水偏少,重度及以上气象干旱可能进一步发展,叠加前期丰水期各主要水库上游来水偏少,蓄水偏少,加之干旱造成长江中下游用水需求量激增,水力发电将随之减少,增加了电力供应压力。

西南地区、华中冬季发生输电线路覆冰灾害的风险较高,特别是湖南、贵州等地今冬中后期可能出现阶段性低温雨雪冰冻天气过程,对输电线路、能源交通运输等或造成较大影响。

(3)沿海液化天然气港口可能受寒潮大风和海上台风影响,不利于天然气补充和供应。受大范围寒潮和西太平洋台风影响,渤海、黄海、东海、南海海域可能发生持续性大风天气,对天然气运输船只正常航行和停船靠岸造成不利影响,进而可能影响到大连、天津、粤东、深圳、北海等液化天然气港口的天然气储量补充及关联城市的天然气供应。

全球气候变暖背景下安徽省极端高温发生频率和强度均呈上升趋势,亟须加强应对气候变化和极端事件风险能力

邓汗青　何冬燕　罗连升

（安徽省气候中心　2022年12月1日）

摘要： 在全球气候变暖背景下,安徽省近30年来气温上升速率显著高于全球平均水平。高温日数显著增多、强度持续增强,增加速率分别达到3天/10年和0.5 ℃/10年,特别是2022年夏季,安徽省遭遇1961年以来最强高温,对工农业生产、水资源、生态环境、能源供应、人体健康及生活等造成诸多不利影响。预计未来安徽省极端高温发生频率和强度均呈上升趋势,类似今夏的高温可能会更加频繁,将对自然生态和经济社会发展带来风险挑战,应提前做好应对防范。建议加快出台安徽省适应气候变化行动方案,在国土空间规划中充分考虑气候因素作用,开展农业、能源和城市等领域的适应气候变化行动,防范和减轻极端事件影响。

一、2022年夏季高温热浪严重程度罕见,产生诸多不利影响

安徽省2022年夏季高温为1961年有完整气象记录以来最强。全省夏季平均气温为29.2 ℃,比常年偏高2.2 ℃,为历史最高;高温日数43天,是常年同期的2.4倍,为历史最多;40 ℃及以上覆盖范围为历史最广(表1);高温极端性强,全省有8个市(县)破本站历史记录,最高马鞍山达42.7 ℃,为全省历史第二高。

表1　历史前五位的年夏季极端最高气温≥40 ℃站数

	2022年	2013年	2017年	1968年	1988年
站数/个	34	33	32	31	30

持续高温对工农业生产、水资源、生态环境、能源供应、人体健康及生活等造成诸多不利影响。淮河以南因高温少雨出现重旱,部分地区特旱。电力需求迅速增长,夏季最大用电负荷从2010年的1830万千瓦时增加到2022年的5700万千瓦时,其中,居民空调等气象负荷约占60%。根据卫星遥感监测今年8月安徽省总水体面积较5月减小17.0%。近60年来,全省夏季闷热难受不舒适日数呈明显增多趋势。

二、全球变暖背景下气候不稳定性加大,高温热浪趋多趋强

安徽省气候变暖趋势显著。1961年以来,安徽省气温上升速率高于全球平均水平,与全国平均水平基本持平。近30年是1961年以来安徽省的最暖时期,夏季高温日数和年极

端最高气温均呈显著增加趋势,增加速率分别为 3 天/10 年和 0.5 ℃/10 年(图1)。

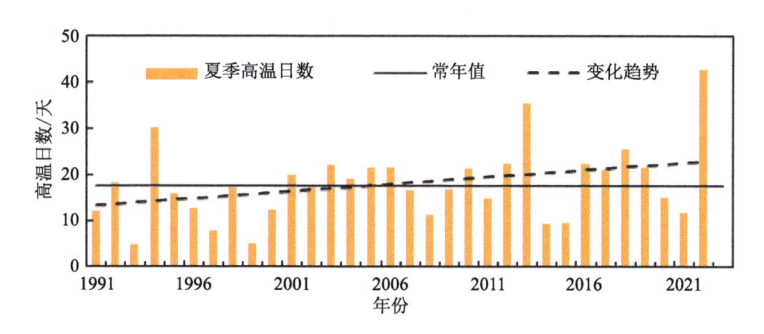

图 1　1991—2022 年全省平均夏季高温日数历年变化

全球气候变暖背景下大气环流持续性异常是导致今夏高温的直接原因。气候变化检测归因表明,人类活动是导致全球气候变暖的根本原因。全球气候变暖背景下,气候系统不稳定性加大,中高纬和副热带地区大气环流出现持续性组合异常概率增大,导致极端高温增多增强。

三、预计未来安徽省气温将持续上升,高影响的高温热浪事件更加频繁

据联合国政府间气候变化专门委员会(IPCC)最新评估报告指出,目前全球大气二氧化碳平均浓度达到近 200 万年来最高,温室气体的辐射效应进一步增强,全球气候持续变暖。根据气候模式预估结果,未来安徽省气温将进一步升高,夏季气温的上升速率高于年平均气温(表2),且温室气体排放情景越高,气温的增速越快、强度越强。

表 2　2022—2050 年全省气温增加趋势预估(℃/10 年)

排放情景	年平均气温	年平均最高气温	夏季平均气温	夏季平均最高气温
中等碳排放	0.38	0.45	0.47	0.51
高碳排放	0.53	0.57	0.55	0.59

到 2035 年前后,在高碳排放情景下类似今年夏季的高温热浪可能会变为两年一遇,到 21 世纪末发生高温热浪的风险将是目前的几十倍,将给农业与粮食安全、水资源、生态环境和人体健康等带来较大不利影响,应对极端气候风险面临严峻挑战。

四、应对气候变化和极端事件风险的对策建议

坚持减缓和适应并举,积极应对气候变化。为应对气候变化现实影响和威胁,应采取更加直接、更有针对性的适应气候变化措施,加强气候变化影响及风险预警,将适应气候变化理念落实到国土空间规划、建设和管理全过程,提升自然生态和经济社会领域适应气候变化能力,增强全社会适应气候变化韧性,防范和应对气候风险。具体工作建议如下:

(1)强化安徽省适应气候变化顶层设计。对标对表《国家适应气候变化战略 2035》,研究出台安徽省适应气候变化行动方案,制定中长期适应气候变化行动目标、主要指标、重点任

务和保障措施等,在经济和社会发展总体规划、城市规划及产业发展相关专项规划中明确考虑气候变化因素,统筹气候变化监测预警基础设施建设、产业结构调整、水资源管理、生态绿地、防灾减灾等相关工作。

(2)构建适应气候变化区域格局。在国土空间规划中充分考虑气候要素,加强气候资源条件、气候变化影响和风险评估,科学有效统筹布局农业、生态、城镇等功能空间,丰富全省国土空间规划"一张图"。发挥皖南山区、大别山区"华东之肺"作用,深入挖掘宜居、宜游资源,将气候生态优势转化为发展优势。

(3)开展重点区域和领域的适应气候变化行动。在气候变化影响的典型敏感脆弱区开展种植业适应气候变化技术研究,建设示范基地。提高能源行业气候韧性,开展气候变化对能源生产、运输、存储和分配的影响及风险评估。积极应对城市热岛效应,提高城市蓝绿空间占比,合理规划建设通风廊道,修改完善基础设施设计和建设标准。

2022年极端"龙舟水"已结束，洪涝和地质灾害有滞后性，仍需做好防御

冯沁　兰宇　程正泉　吴乃庚

（广东省气象局　2022年6月22日）

摘要： 2022年"龙舟水"（5月21日至6月21日）期间，广东省平均雨量514.5毫米，是有气象记录以来第三多，韶关、清远雨量刷新历史纪录，清远连南大麦山镇录得最大累积雨量1689.2毫米。其中，6月13—21日，广东省持续9天出现了大范围强降水，具有"降水时间长、累积雨量大、暴雨落区重叠、多种灾害叠加"的特点，落区重复出现在粤北和珠江三角洲北部市县，清远英德东华镇录得过程最大累积雨量990.5毫米。洪涝和地质灾害有滞后性，需继续做好相关防御工作。目前广东省前汛期降水基本结束，未来一周天气晴热有雷阵雨，7月进入海上台风活跃期，需关注高温天气和后汛期台风对广东省的影响。

一、2022年"龙舟水"概况

按传统"龙舟水"统计时段（5月21日至6月21日），2022年广东省平均降水量494.9毫米，是有气象记录以来第五多。鉴于2022年"龙舟水"暴雨持续到6月21日结束，2022年"龙舟水"统计时段为5月21日至6月21日，全省平均降水量514.5毫米，较历史同期偏多54%，是有气象记录以来第三多。乐昌、翁源等18个区县"龙舟水"破历史纪录。"龙舟水"期间，每日均有区县出现暴雨，其中有26天出现大暴雨，12天出现特大暴雨。"龙舟水"空间分布严重不均，呈异常的"北多南少"态势，主降水区高度集中在粤北市县。韶关、清远分别录得平均雨量847.2毫米、845.8毫米（比历史同期偏多1.9倍、1.3倍），双双刷新当地历史纪录，其中，连南县大麦山镇录得最大累积雨量1689.2毫米（图1）、翁源县新江镇录得1652.7毫米。另外，河源、梅州分别录得平均雨量671.8毫米、515.3毫米（比历史同期偏多1倍、8成），均位居当地历史第三（表1）。

另外，在"龙舟水"后期，广东省出现了长时间大范围强降水过程，并引发流域性洪水、大范围城乡内涝和严重地质灾害。

二、6月13—21日强降水过程特点

6月13—21日，广东省持续9天出现了大范围强降水。本轮降水具有"降水时间长、累积雨量大、暴雨落区重叠、多种灾害叠加"的特点。

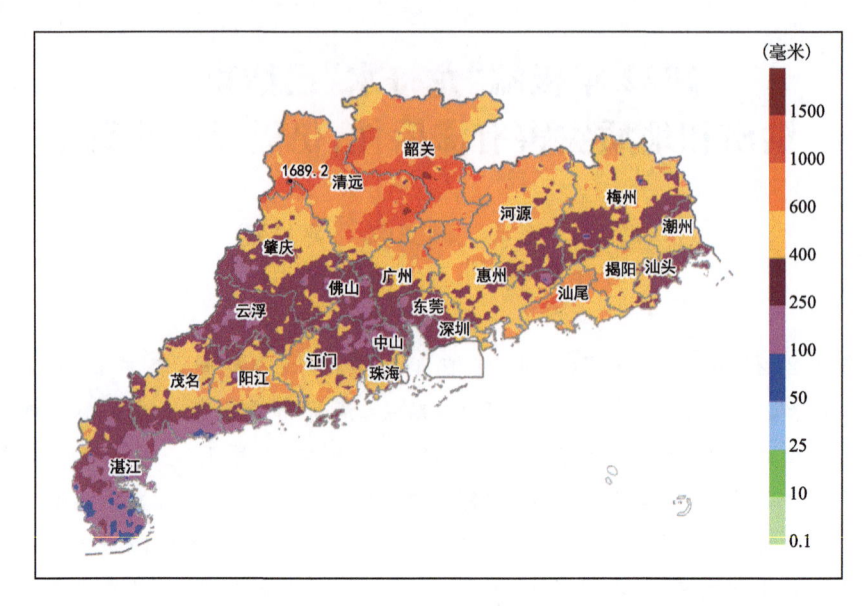

图 1　2022 年 5 月 20 日 20 时至 6 月 21 日 20 时累积雨量实况

表 1　2022 年 5 月 20 日 20 时至 6 月 21 日 20 时各地市雨量实况统计

序号	地市	平均雨量/毫米	距平百分率/%	历史排名
1	韶关	847.2	188	1
2	清远	845.8	134	1
3	汕尾	801.6	68	8
4	河源	671.8	100	3
5	惠州	569.0	36	12
6	揭阳	533.2	59	10
7	梅州	515.3	77	3
8	珠海	501.7	13	19
9	阳江	475.9	2	22
10	潮州	465.6	65	8
11	广州	454.3	16	19
12	东莞	408.8	12	17
13	江门	401.3	1	29
15	肇庆	400.1	35	12
16	茂名	374.0	17	22
14	中山	344.4	0	28
18	汕头	342.9	25	26
17	佛山	325.6	3	22
19	云浮	310.3	19	16
20	深圳	291.0	−18	37
21	湛江	216.6	−12	35

降水时间长：6月13—21日，广东省持续出现大范围强降水，每日均有市县出现大暴雨及以上量级降水，其中，14日和17—21日共6日有市县出现了特大暴雨。

累积雨量大：本轮降水过程共有328个镇街录得超过250毫米的累积雨量，清远英德市东华镇录得过程最大累积雨量990.5毫米（图2），韶关翁源县新江镇录得979.4毫米。有15个区县日雨量超过250毫米（特大暴雨量级）。

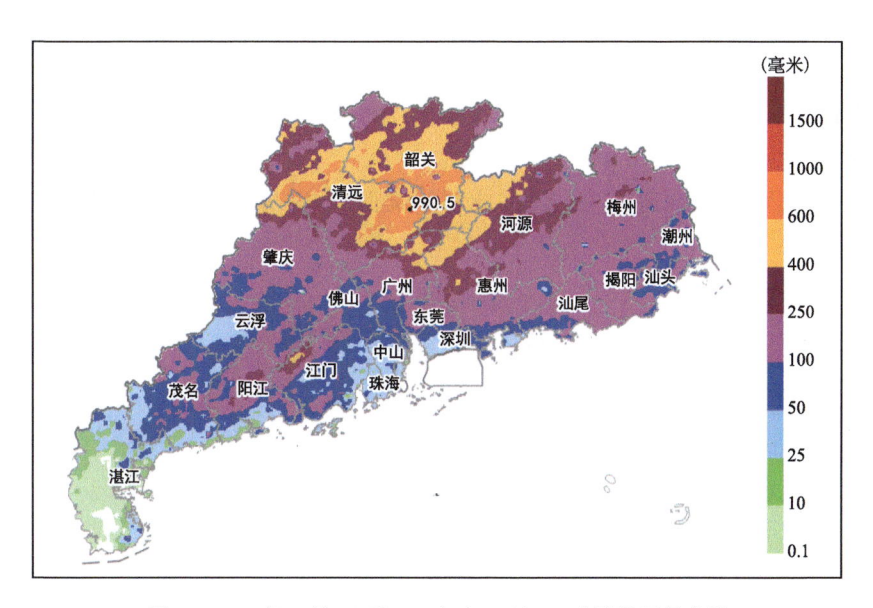

图2　2022年6月12日20时至21日20时累积雨量实况

暴雨落区重叠：本次过程暴雨落区高度重叠，重复出现在粤北和珠江三角洲北部市县，韶关和清远在13—14日和18—21日连续出现了暴雨到大暴雨局部特大暴雨。

多种灾害叠加：广东和周边省份多日持续强降水导致江河底水高、上游来水大，北江流域出现特大洪水，西江也出现了近年少见的洪水。粤北市县出现了严重的城乡积涝，山区市县出现了严重的滑坡、泥石流等地质灾害。多灾种叠加，导致广东省灾害极重。

另外，过程期间，大部分市县还出现了短时强降水和8级左右的雷暴大风。18日06时，江门开平龙胜镇录得过程最大1小时雨量109.3毫米；14日14时，阳江阳西县织簧镇录得过程最大阵风27.2米/秒（10级）；16日傍晚广州从化、19日早晨佛山南海分别出现了小龙卷，分别持续约5分钟和1~2分钟。

三、近期天气展望

2022年前汛期已基本结束，未来几天广东省将主要以晴热天气为主，有雷阵雨。受台风直接影响和登陆的可能性较小。7月进入海上台风活跃期，需关注高温天气和后汛期台风及其对广东省的影响。具体预报如下：

23—25日，广东省大部市县多云间晴，局部有雷阵雨；天气趋于炎热，中北部部分市县有35℃左右高温。

26日,多云间阴天,有分散雷阵雨;雷州半岛和中北部部分市县有35~36 ℃高温。

27—29日,广东省西部和珠江三角洲北部市县有中雷阵雨局部暴雨,其余市县有雷阵雨局部大雨;雷州半岛和粤东市县仍有35 ℃左右高温。

30日至7月1日,南部市县沿海多云转雷阵雨局部大雨,其余市县多云间阴天有分散雷阵雨;中北部的部分市县有35~36 ℃高温。

四、关注和建议

尽管"龙舟水"已结束,但上游来水滞后,土壤含水量高度饱和,需继续做好流域性洪水、城乡内涝和地质灾害的防御工作。

广东省将进入后汛期,需关注台风生成和影响信息,宜早做好2022年防范台风的准备工作。

拉尼娜事件仍将持续,需防范秋季极端天气

吴慧　胡德强　陈小敏

（海南省气象局　2022年10月18日）

摘要：自2020年8月以来,北半球秋季已连续3年受拉尼娜事件影响,截至目前全球多地已出现大范围干旱、洪水和冰雪等灾害,预计当前的拉尼娜事件将持续至2023年2月。据1961年以来海南省历史气候资料分析,拉尼娜事件可导致海南省秋季极端天气气候事件概率增加,拉尼娜年秋季海南省热带气旋影响个数和降雨量较常年偏多的概率均超过70%,更易出现暴雨洪涝影响偏重灾害过程。根据最新气候预测,秋季后期（10月18日至11月30日）,影响海南省的热带气旋个数可能达到4个,较常年同期明显偏多（常年1.8个）,特别是10月中下旬海南省可能连续受2个热带气旋影响,需加强地质灾害易发区、水库、山塘安全巡视,做好琼州海峡通航管理及水库调度等工作。

一、拉尼娜事件仍将持续发展

根据国家气候中心监测,2022年9月,热带中东太平洋大部海表温度较常年同期偏低,Niño3.4区海温在7—9月滑动平均指数为－0.93 ℃,显示赤道中东太平洋形成的拉尼娜事件仍持续至今（图1）,初步预测,本次拉尼娜事件将持续至2023年2月。自2020年8月以来,北半球秋季将连续3年受拉尼娜事件影响,非常罕见,截至目前已导致全球多地出现干旱、洪水和冰雪等灾害。

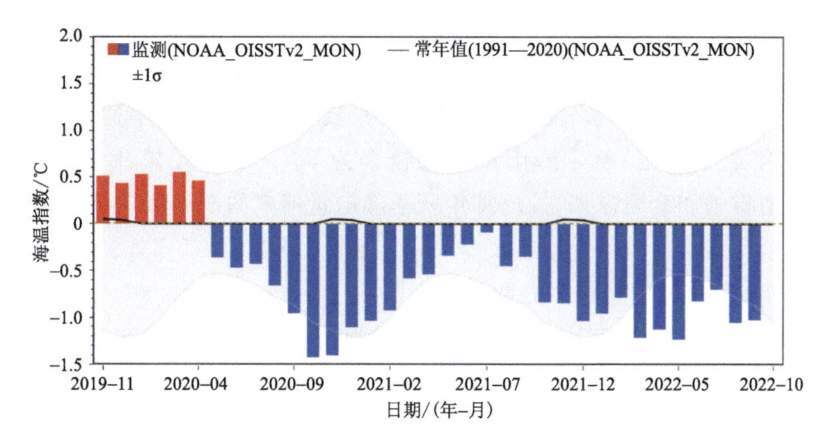

图1　Niño3.4区海温指数逐月变化

（海温指数3个月滑动平均≤－0.5 ℃且至少持续5个月则判定为一次拉尼娜事件）

二、拉尼娜可导致海南省秋季极端天气气候事件概率增加

一般情况下,拉尼娜事件发生后,可通过海气相互作用影响大气环流,通常表现为秋季(9—11月),南海和菲律宾附近海域热带气旋较常年更为活跃,海南岛更易受偏强的偏东气流影响,从而导致海南省秋季的热带气旋影响个数偏多、降雨量偏多。

拉尼娜对海南省秋季气候的影响具有一定的年代际变化,在气候变暖背景下,秋季影响海南省的热带气旋个数总体有减少趋势,拉尼娜年热带气旋个数容易偏多的规律没有发生变化,但偏多的程度有所下降;而2000年后,拉尼娜年秋季降雨量偏多的概率有所增加,并出现了更加极端的强降雨事件。

(一)秋季影响海南省的热带气旋个数偏多

自1961年以来,海南省共有17个秋季为拉尼娜年,其中有13个秋季影响海南省的热带气旋个数较常年偏多(图2)。拉尼娜年海南省受热带气旋影响偏多的概率达76.5%,而其余年份(厄尔尼诺年或中性年)热带气旋影响偏多或偏少的概率较为接近(偏多47.7%、偏少52.3%),因此,在拉尼娜年秋季,影响海南省的热带气旋个数有较大可能较常年偏多。但1986年前后海南省气候变暖以来其偏多的程度有所下降,在最多的年份(2020年)偏多个数为4.7个,不及20世纪80年代之前最多的年份(1970年,偏多9.7个)。

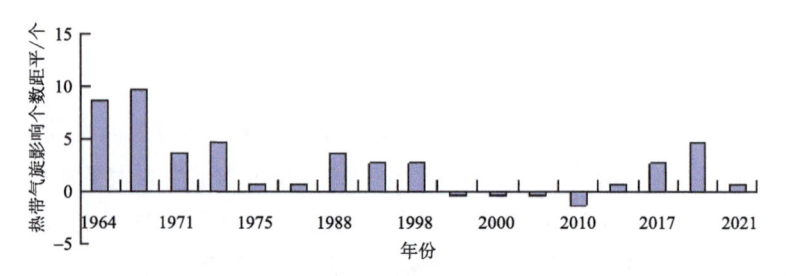

图2 拉尼娜年秋季影响海南省的热带气旋个数距平变化
(正值为较常年偏多个数,负值为较常年偏少个数)

(二)秋季降雨量偏多,出现过暴雨洪涝异常严重年

1961年以来,拉尼娜年秋季,海南省平均降雨量较常年偏多的概率达到70.6%,而其余年份(厄尔尼诺年或中性年)秋季降雨偏多的概率为38.6%,拉尼娜年秋季提高了32%。1986年前后海南省气候变暖以来,拉尼娜年秋季降雨量偏多的概率从50%上升到了81.2%(图3)。

历史上海南省秋季降雨量最多的两年(2010年、2011年)均为2000年后的拉尼娜影响年,降雨量均较常年偏多50%以上。2010年秋季海南岛平均降雨量达1265.3毫米,偏多87.8%,为历史同期最多。特别是在2010年10月上旬,受弱冷空气和南海辐合带共同影响,海南省出现一次突破历史纪录的持续性、大范围大暴雨过程。全省共有16个市(县)202个乡(镇)273.88万人受灾,死亡3人,1160个村庄浸水,农作物受灾面积16.7万公顷,直接经济损失91.4亿元。此外,海南多处发生山体滑坡等次生灾害,严重积水和滑坡造成东线

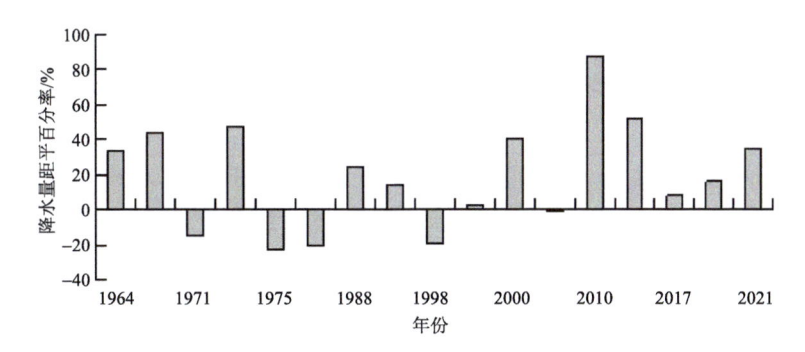

图 3　拉尼娜年海南省秋季平均降水量距平百分率变化

（正值为较常年偏多百分率，负值为较常年偏少百分率）

高速公路及平行国道完全中断。

2021 年 10 月，海南省先后受台风"狮子山"、"圆规"影响以及两次热带扰动（热带低压）和冷空气共同影响，出现四次不同程度的区域性暴雨过程。其中，"狮子山"造成全省 15.47 万人受灾，因灾死亡 1 人，农作物受灾面积 1.162 万公顷，直接经济损失 1.95 亿元；"圆规"造成全省 18.31 万人受灾，因灾死亡 2 人，农作物受灾面积 1.759 万公顷，直接经济损失 4.27 亿元。

三、海南省需注意防范今年秋季极端天气影响

今年秋季以来（2022 年 9 月 1 日至 10 月 17 日），影响海南省的热带气旋个数为 2 个，接近常年同期（2.4 个），全省平均降雨量较常年同期偏少 16.8%，全省平均气温偏低 0.1 ℃。

预计秋季后期（10 月 18 日至 11 月 30 日），影响海南省的热带气旋个数可能达到 4 个，较常年同期明显偏多（常年 1.8 个），其中，10 月 18 日至 10 月 31 日有 2 个影响（含第 20 号台风"纳沙"），11 月有 2 个影响。

当前第 20 号台风"纳沙"已加强为强台风级，将于 19 日擦过海南岛南部沿海。预计，18—20 日其将给海南省陆地带来严重的风雨影响，本岛北部、东部、中部市县局地有 250～350 毫米、局地 400 毫米降水，南部 100～250 毫米，西部 50～100 毫米。

此外，10 月下旬仍将有新的热带气旋生成并进入南海，可能再次给海南省带来新一轮强风雨天气。

四、建议

（1）秋季后期影响海南热带气旋个数偏多，特别是 10 月中下旬海南省可能连续受 2 个热带气旋影响，需加强地质灾害易发区、水库、山塘安全巡视，做好琼州海峡通航管理及水库调度等工作。

（2）今秋的极端天气将给海南省冬季瓜菜、晚稻生长带来不利影响，需做好田间排水、大棚防风加固等工作。

四川入汛以来气候特点及秋冬季气候趋势

邓彪　劲廷　孙蕊　王顺久　周斌　王春学　郑然

（四川省气候中心　2022年9月30日）

摘要： 入汛以来（5月1日至9月29日，下同），四川省平均气温为历史同期第一高，降水量为历史同期第二少。夏季（6—8月，下同）出现极端高温干旱事件，高温范围广、持续时间长、强度大；受持续高温少雨天气影响，四川省发生区域性干旱，影响范围广。四川省汛期暴雨过程少，四川秋雨开始期偏晚。

预计四川省今年秋冬季平均降水量较常年同期偏少，平均气温较常年同期偏高。四川秋雨较常年同期偏弱，结束期接近常年同期略偏早。秋季中后期（10—11月，下同）四川省平均降水量较常年同期偏少，平均气温较常年同期偏高。预计今年冬季（2022年12月至2023年2月，下同），四川省平均降水量较常年同期偏少，平均气温较常年同期偏高。秋季川西高原南部和攀西地区东部林区森林草原火险气象等级可达4级，冬季川西高原南部和攀西地区西部林区森林草原火险气象等级可达5级。建议充分利用秋冬季降水过程，适时开展人工增雨作业和工程蓄水；加强川西高原北部、攀西地区以及泸定地震灾区降水诱发地质灾害风险防范；提前做好川西高原和攀西地区防灭火工作准备。

一、入汛以来气候特点

入汛以来，四川省平均气温为历史同期第一高，降水量为历史同期第二少。四川省平均气温22.9℃，较常年同期偏高1.1℃，位列历史同期第一高位。四川省有101个县站最高气温突破历史同期极大值，78个县站平均气温为历史同期最高。四川省平均降水量585.9毫米，较常年同期偏少20%，位列历史同期第二少位（2006年579.1毫米，同期最少）。四川省有13县站降水量位列历史同期第一少位。

（一）夏季高温范围广、持续时间长、强度大

夏季（6—8月），四川省平均高温日数30.0天，较常年同期偏多21.4天，为1961年以来历史同期最多（图1）；四川省高温平均最长持续时间为15.8天，位列历史同期第一多位；四川省共有129县站出现高温天气，39站日最高气温超过42℃，其中，渠县8月24日达44.0℃，刷新四川省国家气象站历史最高气温纪录。四川省共有104站日最高气温位居历史同期最高，101站突破单站有观测史以来的历史纪录，其中，89站连续多次突破历史纪录（图2）。综合考虑区域高温过程事件的平均强度、影响范围和持续时间进行评估，7月28日至8月28日的区域高温事件综合强度为1961年以来历史最强，7月4—16日的区域高温事件综合强

度位列历史第三高位(表1)。

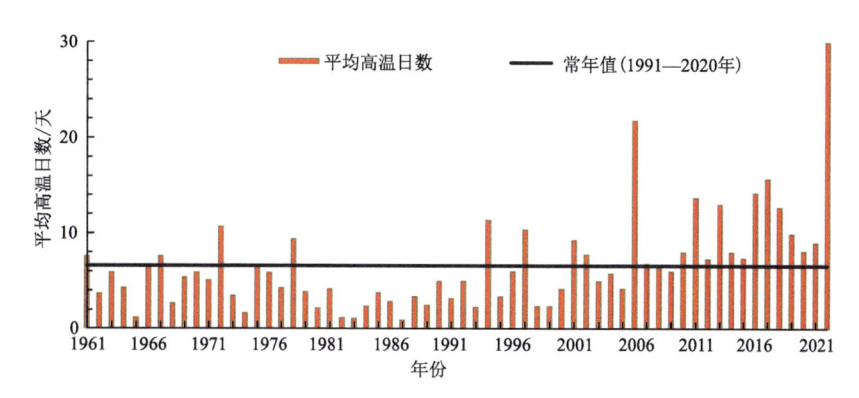

图 1 1961—2022年夏季四川省平均高温日数变化

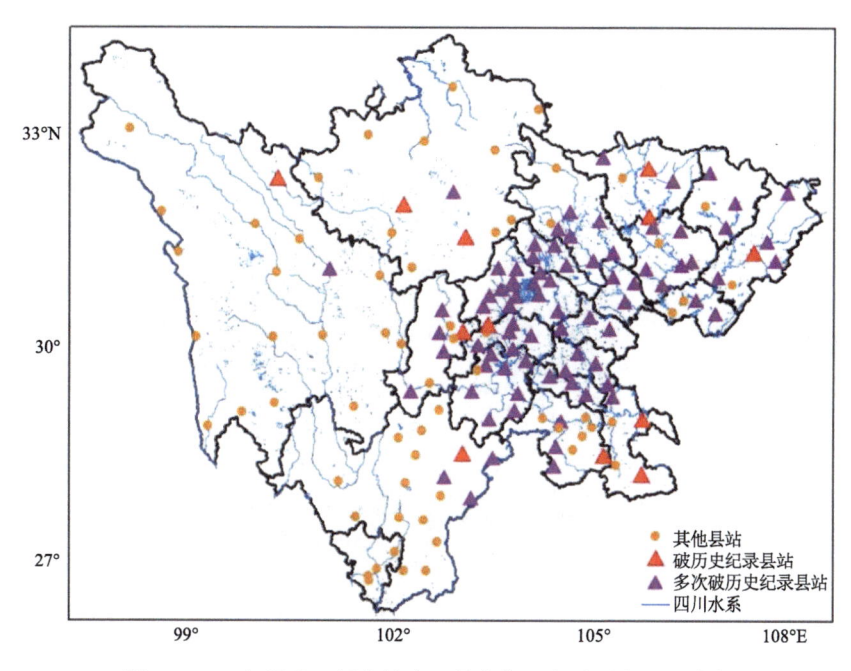

图 2 2022年夏季四川省站点日最高气温突破历史纪录分布

表 1 1961—2022年四川省区域高温过程事件综合强度前五位情况

区域高温过程事件起止日期	综合强度排名	持续天数/天	最大范围/站	站点最高气温/℃
2022年7月28日至8月28日	1	32	124	44
2006年7月25日至8月19日	2	26	112	43.3
2022年7月4—16日	3	13	124	43.4
2016年8月12—25日	4	14	119	41.5
2017年7月21日至8月7日	5	18	106	42.2

(二)干旱影响范围广、强度强

受持续高温少雨天气影响,四川省气象干旱6月下旬开始显现,7月上旬干旱迅速发展,8月干旱站数与旱情等级进一步增多增强,旱区覆盖范围广、强度强(图3)。8月23日四川省有143县站出现干旱,其中,轻旱35站、中旱27站、重旱17站、特旱64站,重特旱区主要分布在盆地大部、川西高原中北部和攀西地区东北部(图4)。

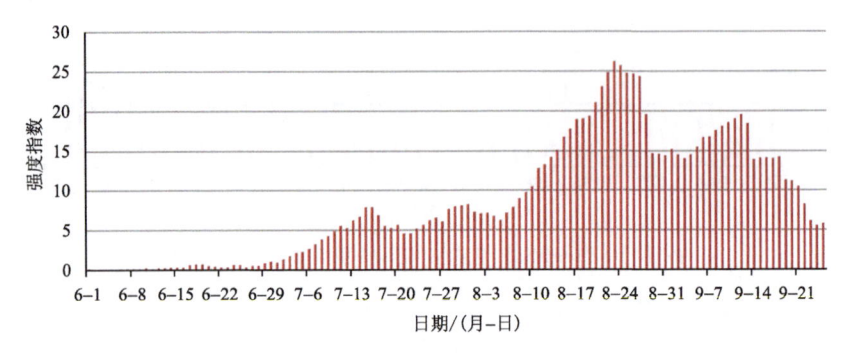

图3 2022年6月1日至9月25日四川省逐日干旱强度指数动态变化

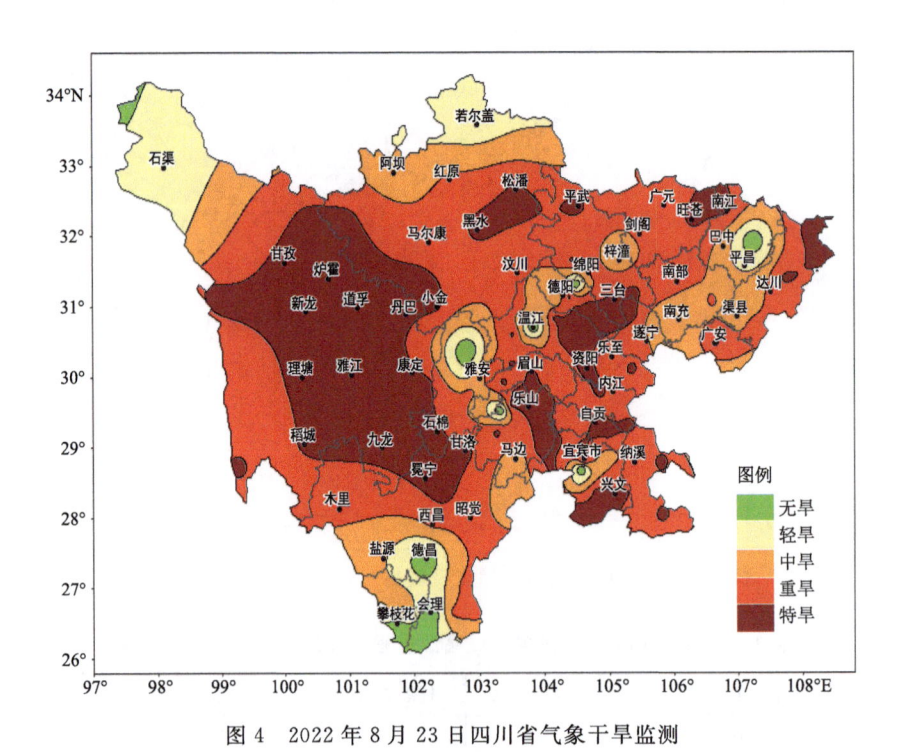

图4 2022年8月23日四川省气象干旱监测

(三)入汛以来暴雨偏少,但局地灾情重

入汛以来,四川省共计发生暴雨268站次,其中,大暴雨39站次,无特大暴雨发生,暴雨站次数位列历史同期第五少位(图5)。暴雨主要出现在盆地,其中,达州、巴中、绵阳、雅安和眉山等地出现暴雨3~6次,盆地其余地区在2次以下。四川省共出现3次区域性暴雨天气

过程(5月10日,6月22—23日,6月25—27日),7—8月未出现区域性暴雨,但局地强降水灾情重,其中,平武县木座藏族乡(7月12日)、北川县白什乡(7月16日)和彭州市龙漕沟(8月13日),先后因局地暴雨引发山洪,造成重大人员伤亡。

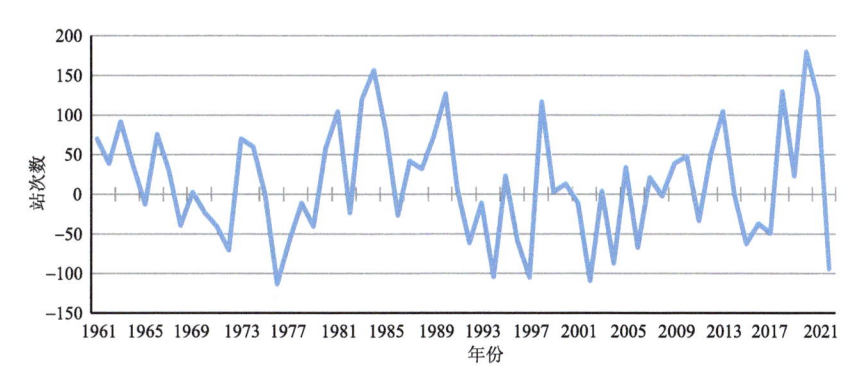

图5　1961—2022年汛期四川省暴雨站次数距平变化

(四)四川秋雨开始期偏晚

依据华西秋雨开始期监测标准,2022年四川秋雨9月14日开始,较常年(9月6日)偏晚8天,为1961年以来历史第十晚(2002年10月18日开始,历史最晚)(图6)。9月以来四川省平均降水量106.6毫米,较常年同期偏少7%,其中,盆地西北部、盆地西南部和阿坝州大部偏少1～3成。

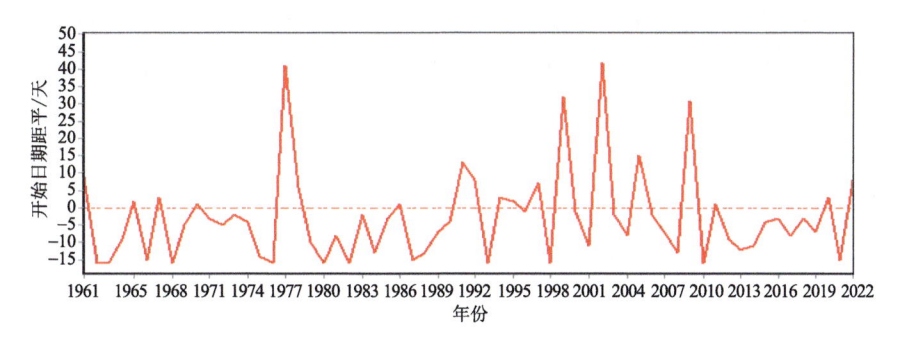

图6　1961—2022年四川秋雨开始日期距平变化

二、2022年秋冬季气候趋势预测

(一)秋季趋势预测

预计2022年秋季中后期四川省平均降水量较常年同期偏少,平均气温较常年同期偏高。四川秋雨较常年同期偏弱,结束期接近常年同期(11月1日)略偏早。川西高原北部、攀西地区、盆地东北部、盆地中部偏东地区平均降水量较常年同期偏多10%～20%,省内其余地区降水量较常年同期偏少10%～20%。攀西地区西部、盆地东北部、盆地中部偏东地区平均气温较常年同期偏低0.5℃左右,省内其余地区平均气温较常年同期偏高0.5～1.0℃。

(二)冬季气候趋势预测

预计冬季,四川省平均降水量较常年同期偏少,平均气温较常年同期偏高。川西高原北部、盆地西南部降水量较常年同期偏多10%～20%,省内其余地区降水量较常年同期偏少10%～20%。川西高原南部平均气温较常年同期偏高1～2℃,省内其余地区平均气温较常年同期偏高0.5℃左右。

三、对策建议

(1)多种措施并举,提高综合抗旱能力。根据预测,盆地西北部、盆地西南部、盆地南部地区可能发生秋旱,盆地东北部、盆地西北部、盆地中部、盆地南部地区可能冬干,上述地区要因地制宜,加强农田水利基础设施建设,同时抓住时机实时开展人工增雨作业,改善土壤墒情,以水制旱,缓解农业干旱。

(2)抓住时机,增加工程蓄水。根据预测,秋冬季四川省金沙江、雅砻江、大渡河流域平均降水量较常年同期略偏多,而嘉陵江、岷江、沱江、渠江流域平均降水量虽较常年同期略偏少但也存阶段性降水过程,建议密切关注,抓紧时机增加工程蓄水,为今冬明春的电力和农业生产提供保障。

(3)加强降水诱发地质灾害风险防范。预计秋季川西高原北部、泸定地震灾区、攀西地区、盆地东北部、盆地中部偏东地区、龙门山区、盆周山地有降水集中时段。建议在上述区域加强监测,加强因持续性降水诱发滑坡、泥石流等地质灾害风险防范。

(4)加强森林草原火险防范。根据预测,今年秋季四川省内大部林区森林草原火险气象等级为3级,其中,川西高原南部和攀西地区东部林区森林草原火险气象等级可达4级。冬季四川省内大部林区森林草原火险气象等级为3～4级,其中,川西高原南部和攀西地区西部林区森林草原火险气象等级达5级。建议加强监测防护和实时开展人工增雨作业,全力做好森林草原防灭火工作。

关于云南省 2022 年后期天气气候趋势预测的报告

吉文娟[1]　杨鹏武[1]　李蕊[1]　晏红明[1]　马思源[1]　周德丽[2]　闵颖[2]

（1. 云南省气候中心；2. 云南省气象台　2022 年 10 月 17 日）

摘要：云南省 2022 年以来降水前多后少，气温波动大；预计秋末冬初降水东南多西北少、气温东低西高，需防范局地强降水及阶段性低温的不利影响。现将 2022 年以来天气气候特点和后期天气气候趋势预测报告如下：

一、2022 年以来云南省降水前多后少，气温波动大

一是降水前多后少。2022 年以来云南省平均降水量较常年同期偏少 3.7%，前多后少，涝旱急转特征明显。上半年较常年同期偏多 24.9%，为近 20 年同期最多；7 月以来较常年偏少 22.2%，为近 10 年同期最少。全省性强降水过程少，仅出现 8 次，较常年偏少 5 次；局地强降水极端性强，河口、泸西两个气象站日降水量突破历史极值。

二是云南省气温波动大。平均气温较常年偏低 0.1 ℃，1 月、3 月、7—9 月偏高，其余月份偏低；7—8 月高温现象突出，阶段性干旱偏重发生。

二、2022 年秋末冬初降水东南多西北少、气温东低西高

（一）未来 10 天天气预报

预计未来 10 天云南省无全省性强降温降水天气，18—24 日冷空气活动较为频繁，北部和中东部地区气温较低；后期 25—26 日受孟加拉湾低压外围气流影响，西北部有中雨局部大雨。18—19 日滇西北、滇西边缘有小到中雨局部大雨；20—22 日滇西北、滇西、滇东北、滇东、滇东南有分散性小雨；23—24 日滇东北有小到中雨局部大雨；25—27 日滇西北有中雨局部大雨，滇西、滇中、滇东北有小雨局部中雨。

（二）11—12 月气候趋势预测

预计 11—12 月降水东南部偏多、西北部和西部偏少。文山州、曲靖市南部、红河州东南部降水较常年偏多 10%～20%，迪庆州、丽江市大部、怒江州、大理州中西部、保山市大部、德宏州偏少 10%～20%，其余地区接近常年（−10%～10%）。德宏州、保山市西部、临沧市、普洱市、西双版纳州、红河州、文山州、曲靖市南部、玉溪市南部降水量 50～150 毫米，迪庆州东部、丽江市大部、大理州东北部、昭通市中部 10～25 毫米，其余地区 25～50 毫米。

预计 11—12 月气温东部偏低、西北部和西部偏高。昭通市东部、曲靖市东部、文山州大部、红河州东南部气温较常年偏低 0.5～1.0 ℃，迪庆州、丽江市、大理州、怒江州、保山市、德宏州、临沧市北部、楚雄州西部偏高 0.5～1.0 ℃，其余地区接近常年（−0.5～0.5 ℃）。平

均气温迪庆州、丽江市大部、大理州北部、昭通市大部、曲靖市大部 0.5~10.0 ℃,德宏州大部、普洱市南部、西双版纳州、红河州南部 15.0~20.0 ℃,其余地区 10.0~15.0 ℃。

三、气象灾害趋势预测

一是局地强降水风险高。近年来云南省冬季出现强降水的概率较大,预计 2022 年 11—12 月冷暖空气交汇频繁,局地强降水出现的风险较高。

二是东部和北部阶段性低温频发。在拉尼娜背景下,2022 年冬季冷空气活动偏强,滇西北、滇东北、滇东等地会出现阶段性低温雨雪冰冻天气。

三是西北部气象干旱加重,森林火险气象等级高。目前滇西北、滇东北以及滇中地区存在轻到中等强度的气象干旱。预计 11—12 月大理州、丽江市、楚雄州等地气象干旱可能加重发生。11 月后云南省自然降水明显减少,地表及森林植被含水率降低,滇西北地区可能出现高森林火险气象等级。

四、对策建议

一是加强防范局地强降水及地质灾害。各级气象部门继续加强后期突发性、局地性强降水监测,按照"1262"递进式预报预警服务模式做好 11—12 月气象服务。相关部门仍需继续做好局地山洪、地质灾害防范应对。

二是做好阶段性低温防御工作。阶段性强冷空气造成的低温雨雪冰冻灾害的影响大,各地应提前采取预防措施,加强交通疏导、能源保供,做好生产生活保障和农业防寒防冻工作。

三是加强库塘蓄水及调度,做好人工增雨作业。云南省大部地区雨季于 10 月上中旬相继结束,各地要根据江河来水情况,进一步加强库塘蓄水和水库调度,做好水电蓄能、生活生产用水保障;"两江"流域、干旱重点区域需进一步做好常态化人工增雨作业。

华西秋雨对青海省秋季降水的影响及后期气候趋势预测

金义安　冯晓莉　李万志

（青海省决策气象服务中心　2022年8月31日）

摘要：青海省东部及南部秋季降水受华西秋雨影响显著，21世纪以来秋季降水量增多、降水持续天数变长、连阴雨频发。根据预测，2022年华西秋雨出现时间早、较常年同期偏强，且当前已进入华西秋雨集中期，受其影响，预计2022年秋季，除海西西部外，其他地区降水偏多15%～50%，多雨区主要位于海南南部、黄南南部、果洛、玉树等地，西宁、大通、湟中、互助、门源、泽库、河南、玛沁、甘德、久治、班玛、达日、称多、玉树、囊谦、杂多及治多部分地区为秋雨影响高风险区。需防范东部地区降水叠加及青南地区旱涝急转天气引发的中小河流洪水、滑坡、泥石流等次生灾害；黄河上游降水偏多将导致来水量增大，需提前做好水库调度工作；同时还需防范连阴雨天气对农业生产带来的不利影响。

一、华西秋雨特征

华西秋雨是我国华西地区秋季多雨的特殊天气现象，持续时间长是其最鲜明的特点。华西秋雨的降水量虽然少于夏季，但持续降水也易引发秋汛。通过分析华西地区国家级气象观测站的秋雨起止日期监测资料，表明历年华西秋雨最早开始于8月下旬，最晚结束于11月下旬，通常集中在9—10月。1961—2021年，华西秋雨平均雨季长度为65天，2019年雨季持续时间最长，达95天；华西地区平均秋雨量为219.0毫米，2021年为历史最多，达379.9毫米。华西秋雨在20世纪80年代中后期存在由多到少的转变，90年代中后期又出现由少到多的转变，1998—2021年华西秋雨量呈显著增加趋势（图1）。

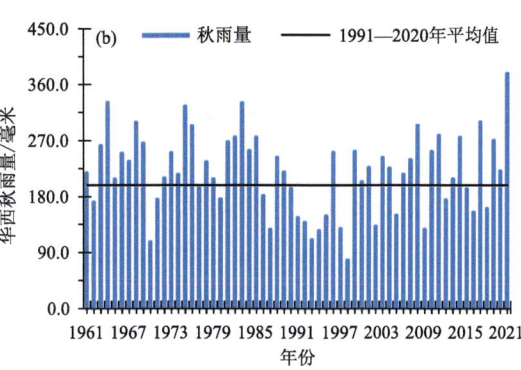

图1　1961—2021年华西秋雨期(a)及秋雨量(b)逐年变化

二、华西秋雨对青海省秋季降水的影响

1961—2021年,华西秋雨与青海省秋季降水量相关性较好,华西秋雨偏多(少)的年份与青海省秋季降水偏多(少)年份具有较好的对应关系;20世纪90年代中后期,华西秋雨和青海省秋季降水均呈由少到多的转折(图2a)。从空间分布来看,华西秋雨和青海省秋季降水高相关区主要在东部农业区大部、三江源大部、青海湖流域以及祁连山区,全省64%的站点受华西秋雨影响显著,其中,东南部最大(图2b)。

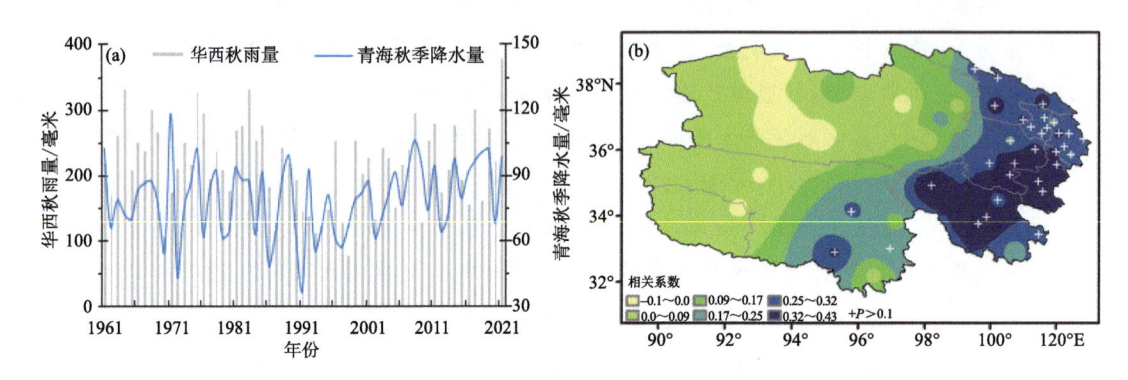

图2 1961—2021年华西秋雨量、青海省秋季降水量的逐年变化(a)及华西秋雨与青海省秋季降水的空间相关分布(b)

从大气环流上看,华西秋雨多寡受西太平洋副热带高压、印缅槽、贝加尔湖低槽的共同影响,当西太平洋副热带高压偏强、印缅槽加深、贝加尔湖低槽加深时,有利于华西秋雨偏多;反之,则不利于华西地区产生降水。影响青海省秋季降水的大尺度环流系统与华西秋雨一致,即华西秋雨强盛有利于青海省秋季降水偏多。

三、青海省秋季降水特征

(一)降水量增多、持续期变长

1961—2021年秋季,青海省平均降水量78.9毫米,总体呈增加趋势,增加速率为1.7毫米/10年,1971年、2008年和2019年秋季降水量列历史前三多;从年代际变化来看,20世纪90年代中期开始,全省秋季降水量呈增加趋势,进入21世纪后,增加尤为明显(图3a)。分月来看,9月和10月平均降水量分别为55.4毫米和20.2毫米,占秋季降水量的70.2%、25.6%,多集中在9月。

青海省秋季最长连续降水天数平均为14.1天,1998年之后,最长连续降水天数趋多,2018年达27天,为历史最多的年份(图3b)。总体来看,1998年气候显著变暖以来,青海省秋季降水量增多、降水持续时间变长。

(二)连阴雨频次增多,9月为高发期

1961—2021年秋季,青海省连阴雨年均出现24站次,总体呈增加趋势,1971年最多,为57站次,2009年和2007年次多,分别为54站次和47站次;轻度和重度连阴雨

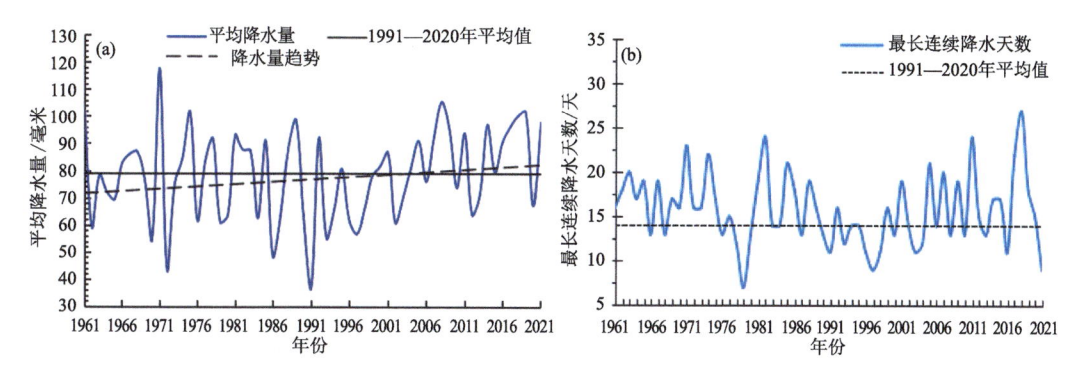

图3 1961—2021年秋季青海省平均降水量(a)及最长连续降水天数(b)年际变化

分别为22站次和3站次,分别占总站次的89.3%和10.6%(图4a)。秋季连阴雨高发时段主要集中在9月上旬至10月上旬,占总站次的91.6%;其中,9月平均出现17站次、占秋季总站次数的76.3%,10月平均出现5站次,占总站次的22.9%,11月偶有出现(图4b)。

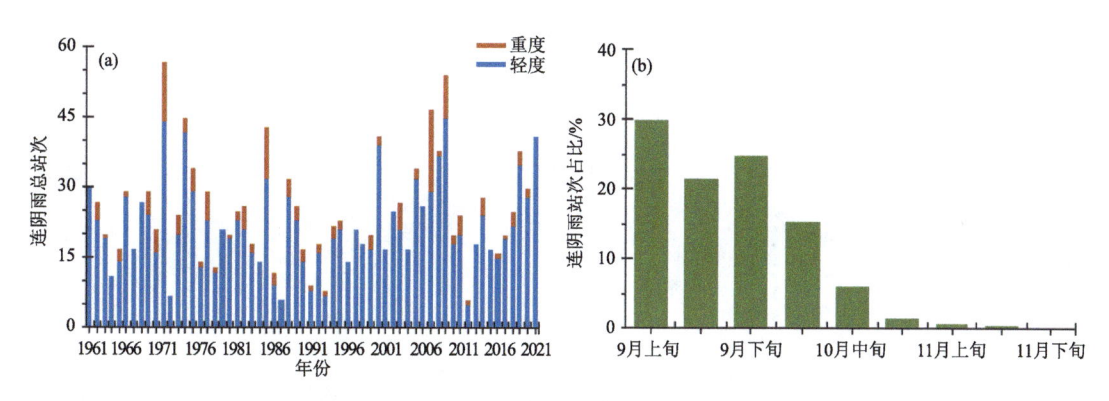

图4 1961—2021年青海省秋季连阴雨发生站次的年际变化(a)及各旬连阴雨站次比(b)

从近61年青海省秋季连阴雨累计发生频次空间分布来看,东部农业区大部、三江源大部以及门源、海晏,连阴雨发生频次在25次以上,其中,果洛大部、黄南南部以及湟中、玉树为50~100次,久治最多(图5)。连阴雨高值区正是华西秋雨影响全省秋季降水最显著地区。2021年秋季,三江源大部、东部农业区部分地区、海北大部以及德令哈共出现连阴雨41站次,较常年偏多17站次,为2010年以来同期最多。

四、后期气候趋势预测及风险预估

(一)气候趋势预测

根据青海省气象局与国家气候中心及周边省份会商,2022年华西秋雨已于8月25日开始,预计强度偏强、持续时间长、秋汛较重,全省秋季降水总体偏多。预计,海西大部降水偏少25%~55%,省内其余大部地区降水偏多15%~30%。多雨区主要位于海南南

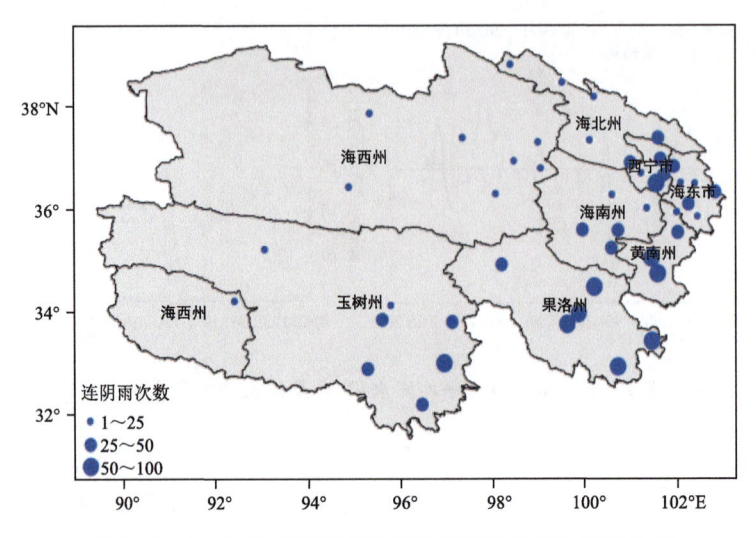

图 5　1961—2021年青海省秋季连阴雨发生频次空间分布

部、黄南南部、果洛、玉树等地，降水偏多 25%～30%，那棱格勒河流域偏多 14%（图 6）。全省大部气温偏高为主，西宁、海东、海西、海南、黄南偏高 0.5～0.8 ℃，玉树、果洛大部偏高 1.2～1.5 ℃。

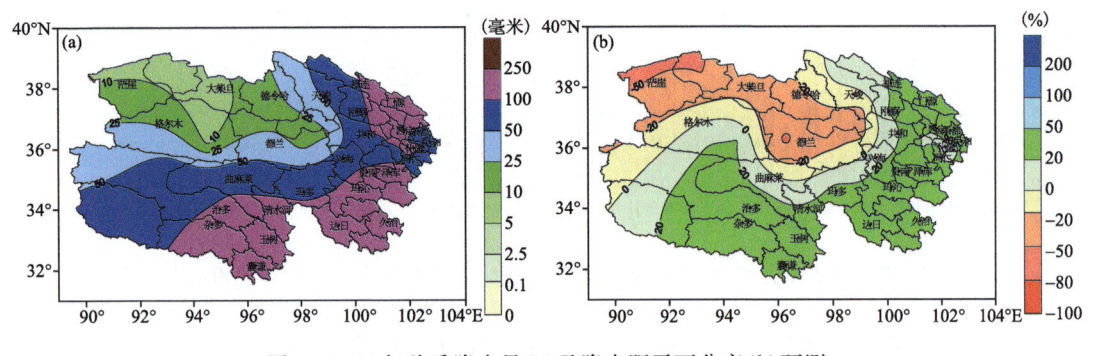

图 6　2022年秋季降水量(a)及降水距平百分率(b)预测

(二)2022年9月青海省秋雨风险预估

青海省东部地区受前期降水叠加影响、青南地区受旱涝急转天气影响，秋雨引发灾害风险都较高，其中，9月为高发时段，结合前期降水特征、后期预测结果以及孕灾环境等影响，对 2022年9月秋雨风险进行预估。

预计，高危险区主要为西宁、湟中、大通、互助、门源、泽库、河南、玛沁、甘德、久治、班玛、达日、称多、玉树、囊谦、杂多以及治多的部分地区，较高危险区为湟源、乐都、平安、民和、化隆、循化、尖扎、贵南、兴海、同德、同仁、祁连、刚察、海晏、玛多、曲麻莱、杂多以及治多的部分地区（图 7）。

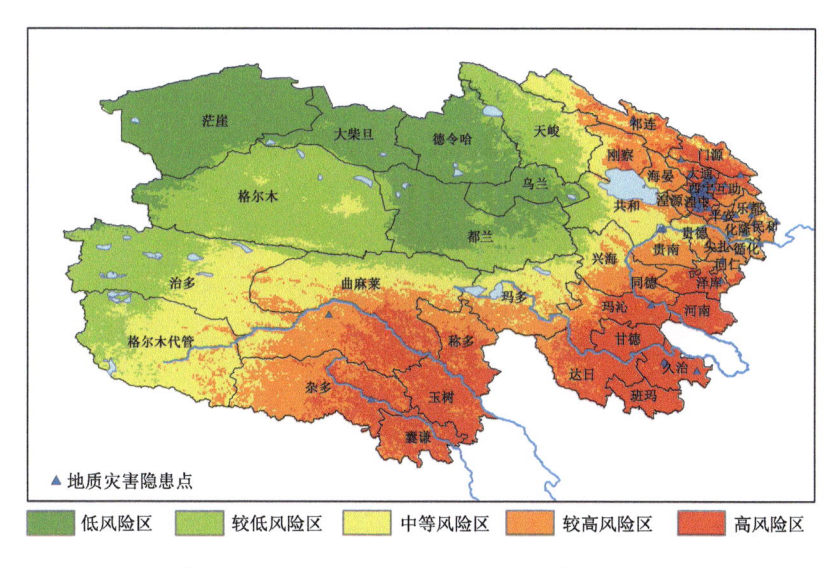

图 7　2022 年 9 月青海省秋雨灾害风险预估分布

五、防范建议

根据预测，2022 年华西秋雨出现时间早、较常年同期偏强，且当前已进入华西秋雨集中期，受其影响，2022 年秋季青海省除海西西部外其他地区降水仍偏多，需做好以下防范：

（1）东部降雨重叠区加强重点防范。前期东部地区降水区域高度叠加，工程蓄水多、土壤含水率高，致使致灾风险仍然居高不下，后期小量降水也可能引发滑坡等次生灾害，仍需加强防范。

（2）防范连阴雨及对流天气对秋收秋种作物的不利影响。9 月多阴雨天气，不利于秋收作物成熟和收晒，需防范冰雹、大风以及连阴雨天气等对秋收秋种作物造成不利影响。

（3）青南地区后期降水偏多，谨防旱涝急转。预计秋季青南地区降水偏多，将会有效缓解前期干旱情况，但旱涝急转天气极易引发局地暴雨洪涝、城乡内涝、山体滑坡、泥石流等次生灾害，需加强关注，做好防范工作。

（4）黄河上游来水量增大，需提前做好水库调度。预计 9 月黄河上游地区降水偏多，将造成上游来水量增大，且由于旱涝急转的时间短、雨量大、来水汇流快，易造成下游小水库水位暴涨，需提前做好水库调度等工作。

（5）做好饲草储备工作，确保牲畜安全越冬。受前期高温少雨影响，三江源地区牧草枯黄期提前，对牲畜越冬不利。建议有关部门根据今年的牧草产量和当地饲草供给情况，提早安排秋、冬畜牧业生产。

2022年
全国优秀决策气象服务
材料汇编

第三篇

生态环境保护

天津绿色发展助推夏季城市强热岛效应缓解

李根　梁冬坡　宋鑫博　李春　郭军　郭玉娣

（天津市气象局　2022 年 11 月 8 日）

摘要： 2022 年夏季天津市高温日数列 2001 年以来历史同期第三位，但城市热岛面积并未随高温事件扩大，且强热岛面积较 2015 年缩小 4 倍以上。研究分析表明：一是我市绿色生态屏障区建设切断了津滨双城间城市热岛效应的连片加重趋势；二是城市中型绿地斑块的增加有效减少中心城区热岛强度；三是美丽天津建设下城市植被覆盖率提升有效遏制城市热岛效应发展。具体分析如下：

一、天津市近 20 年夏季城市热岛效应变化

高分辨率对地观测系统天津数据与应用中心通过多源卫星数据监测显示，天津市城市热岛面积从 2001 年以来呈缓慢增加趋势，其中，2015 年达最大 2210 千米^2，2016 年后热岛面积明显下降并基本趋于稳定，2022 年夏季全市城市热岛面积减少到 1830 千米^2。气象监测结果显示，2016 年以来天津市夏季日最高气温≥35 ℃日数呈显著上升态势，2022 年夏季全市高温日数列 2001 年以来历史同期第三高，有利于热岛发生和强度增强；但与热岛监测结果对比发现，热岛面积并未进一步增加（图1），说明 2016 年以来在气温增高的气候背景下天津生态优先绿色发展策略降低了夏季高温对城市热岛的贡献，热岛效应发展势头得到有效遏制。

图 1　2001—2022 年天津城市热岛面积及夏季高温日数变化对比

二、天津夏季城市热岛效应减缓原因分析

（1）绿色生态屏障建设效果显现，有利切断津滨双城热岛连片效应。从天津城市热岛空间分布来看（图2），2001年以来随着城市化进程的加速，热岛区域从中心城区迅速向外辐射扩张，热岛带状面积显著增加，中心城区、环城四区及滨海新区的城市热岛效应在2015年有连接成片趋势，出现自西向东的链状强热岛区。2016年以后，天津市大力开展海绵城市试点工程，同时推进生态优先的绿色城市发展策略，实施"871"重大生态建设工程，东丽、津南和西青等地的绿色生态屏障建设有效切断了津滨双城间城市热岛效应的连片加重趋势。

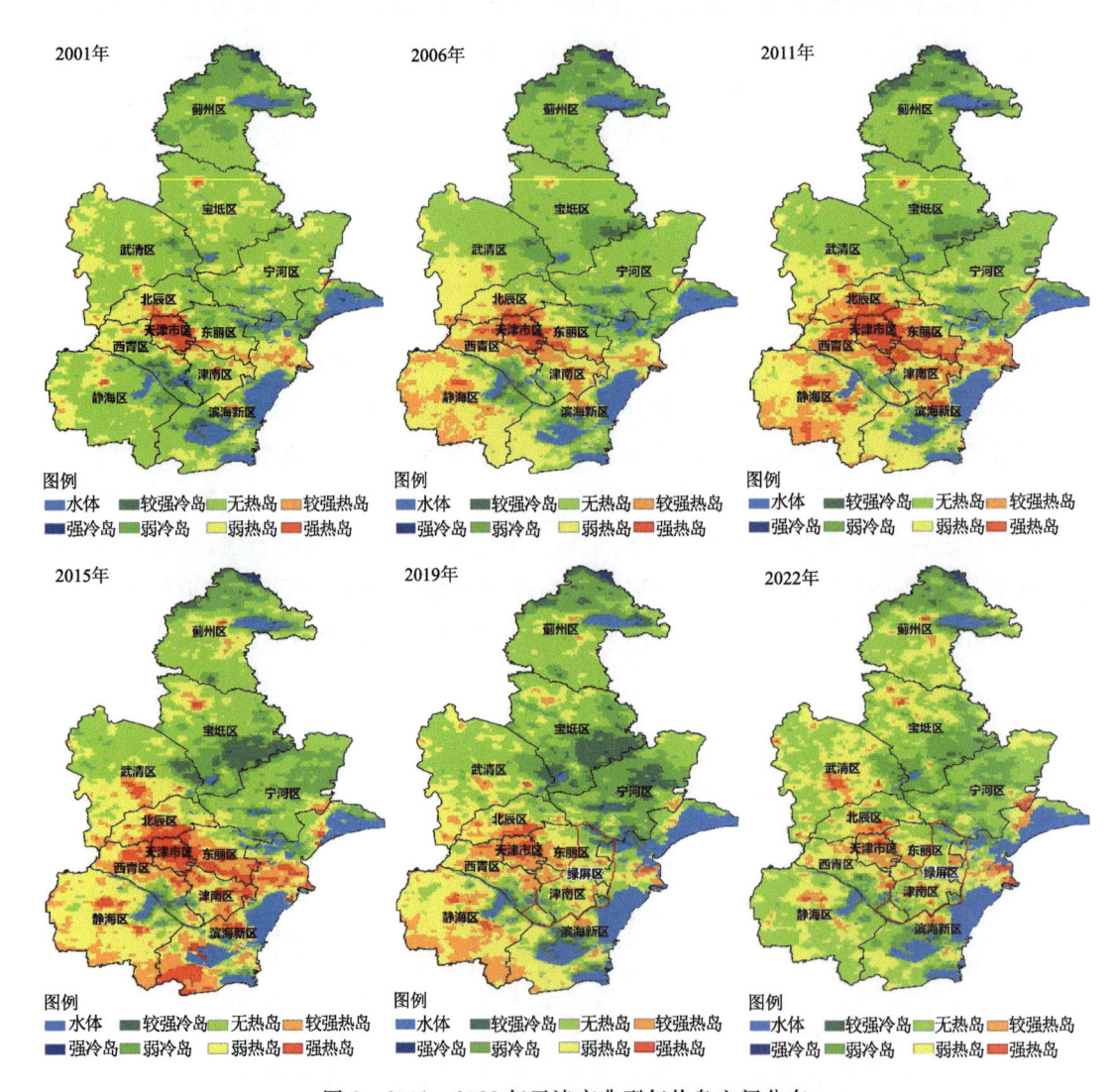

图2 2001—2022年天津市典型年热岛空间分布

（2）城市蓝脉绿网建设产生绿岛效应，中心城区热岛强度有效降低。根据对近20年来天津逐年城市绿地面积卫星监测情况分析，2016年以来天津推进"留白增绿"，加强城市绿

地、郊野公园和人工湿地等生态功能区建设,有针对性地减少小型绿地斑块(面积小于10公顷)、增加中型以上绿地斑块比例(面积大于10公顷),提高了平均绿地斑块大小,带来了生态冷源,产生了"绿岛效应",城市热岛斑块密度显著降低,强热岛斑块破碎程度大幅提升(2015年:0.15,2022年0.55),使得热岛效应开始减缓,且强热岛面积较2015年缩小4倍以上(图3)。

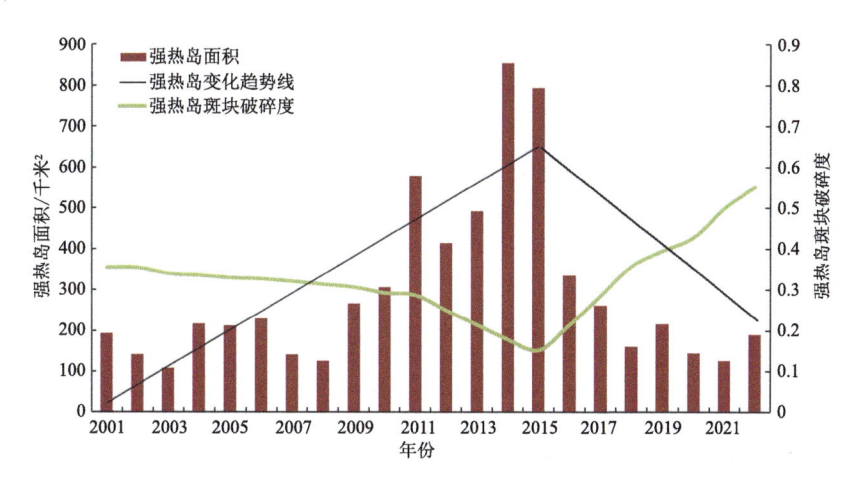

图3 2001—2022年天津市强热岛面积和斑块破碎度对比

(3)城市植被总体生态质量显著提升,有效遏制城市热岛效应发展。根据天津市夏季植被生态质量指数变化监测情况来看,2015年前天津植被状况受年度降雨量影响,阶段性变化比较明显,2016年后在绿色发展策略下,随着生态保护修复工作开展和绿化面积的增加,天津市夏季植被生态质量指数呈逐步增长趋势,2022年天津市夏季植被生态质量指数列2000年以来同期最高,实现2020年以来的植被生态质量指数三连增,已实现自2000年以来的夏季植被生态质量翻倍(图4),美丽天津建设的气候效应凸显,在津滨双城加速高质量发展的态势下有效遏制了城市热岛效应的发展。

图4 2000—2022年天津市夏季植被生态质量指数变化

三、建议和启示

一是持续推进"871"重大生态工程建设，做好绿色生态屏障区的维护和保养，增强生态系统质量和稳定性，提高碳汇能力，提升天津城市的生态系统生产总值（GEP）。

二是加快天津城市"一环十一园"的"植物园链"建设，构建互联互通的城市绿地网络，完善"一环两带七片，一屏多点多廊"的市域绿地系统结构，在增加绿色碳汇的同时全面发挥城市绿地的气候调节生态系统服务功能，从生产、生活、生态多空间提升人居环境。

三是加强城市绿地生态系统的生态气象监测与评估，气象、规划资源、生态环境、市容园林等部门加强合作，创新科学方法，提升对天津城市绿地净化大气、调节气候、人居环境改善等生态系统价值的核算能力，为构建蓝绿交织、清新明亮、环境舒适的生态示范城市提供科学依据。

2022年汛期(6—8月)白洋淀生态气象监测评估报告

李璨[1]　章鸣[1]　孟成真[2]　常宇飞[2]　赵春雷[2]

(1. 河北雄安新区气象局；2. 河北省气象科学研究所　2022年9月9日)

摘要：据雄安新区气象局、生态环境局监测，2022年汛期(6—8月)全区气象条件整体平稳，前期高温少雨，中后期降水过程较多，过程雨势总体平稳，流域平均降水量接近常年。在水位、蓄水量较去年同期偏低的情况下，白洋淀湿地面积保持相对稳定，植被长势良好，水质整体稳定。现将有关情况评估报告如下：

一、汛期气温偏高，降水整体平稳

(1)新区气温创历史新高。2022年汛期，新区平均气温为26.6 ℃，较常年同期(26.1 ℃)偏高0.5 ℃，6月25日容城县出现新区历史最高气温，达到41.7 ℃。平均空气相对湿度为70%，与常年同期基本持平，部分时段呈现高温高湿特点。

(2)汛期降水整体平稳。2022年汛期，新区平均降水量为354.1毫米，接近常年同期(326.8毫米)略偏多，区域性极端降水过程出现较少，白洋淀流域平均面雨量为374.9毫米，其中，潴龙河流域降水量最多为411.0毫米，萍河流域降水量最少为338.3毫米，其他各子流域降水量在338.4～408.5毫米，汛期降水形势总体平稳。

二、白洋淀湿地面积保持稳定，植被长势良好

(1)白洋淀湿地地物面积较为稳定。根据高分一号卫星影像遥感监测显示(图1)，2022年7月雄安新区白洋淀堤内(面积约363.6千米^2)的湿地总面积(包括开阔水面和挺水植物面积)为236.9千米^2，与去年同期基本持平，其中，开阔水体面积为77.0千米^2，较去年同期有明显减少，芦苇地、荷塘面积分别为131.4千米^2、28.5千米^2，均较去年同期有所增加，农田及其他植被面积较去年同期减少17.2千米^2(表1)。综合分析，今年汛期白洋淀在较低水位运行，蓄水量较去年同期偏少1.34亿米^3，虽然开阔水域面积缩减较明显，但由于百淀联通工程及持续性补水的开展，湿地总面积保持相对稳定。此外，由于退耕还淀工程持续开展，农田及其他植被面积比去年同期有明显降低。

(2)白洋淀植被整体长势变好，沉水植物总量减少。据白洋淀植被长势指数(NDVI)变化监测情况显示，2022年7月白洋淀湿地整体区域平均NDVI值为0.64，与去年同期基本持平略偏高，其中，开阔水体区域NDVI值较去年同期降低31%，沉水植物明显减少，白洋淀水体水质显著提升，水草打捞等水域生态治理举措成效明显(图2)。

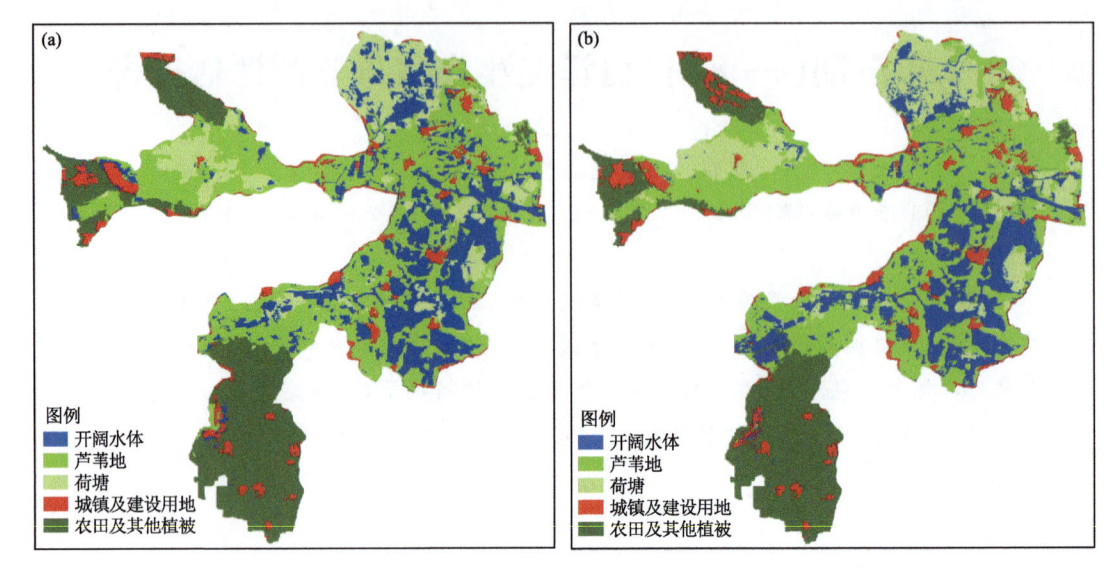

图 1 白洋淀湿地地物变化监测情况（a.2021年7月，b.2022年7月）

表 1 白洋淀湿地地物面积变化

地物类型		面积/千米²				
		2021年7月23日		2022年7月23日		增减
湿地总面积	开阔水体	222.0	83.7	236.9	77.0	14.9	−6.7
	荷塘		23.8		28.5		4.7
	芦苇地		114.5		131.4		16.9
农田及其他植被		119		101.8		−17.2
城镇及建设用地		22.6		24.9		2.3

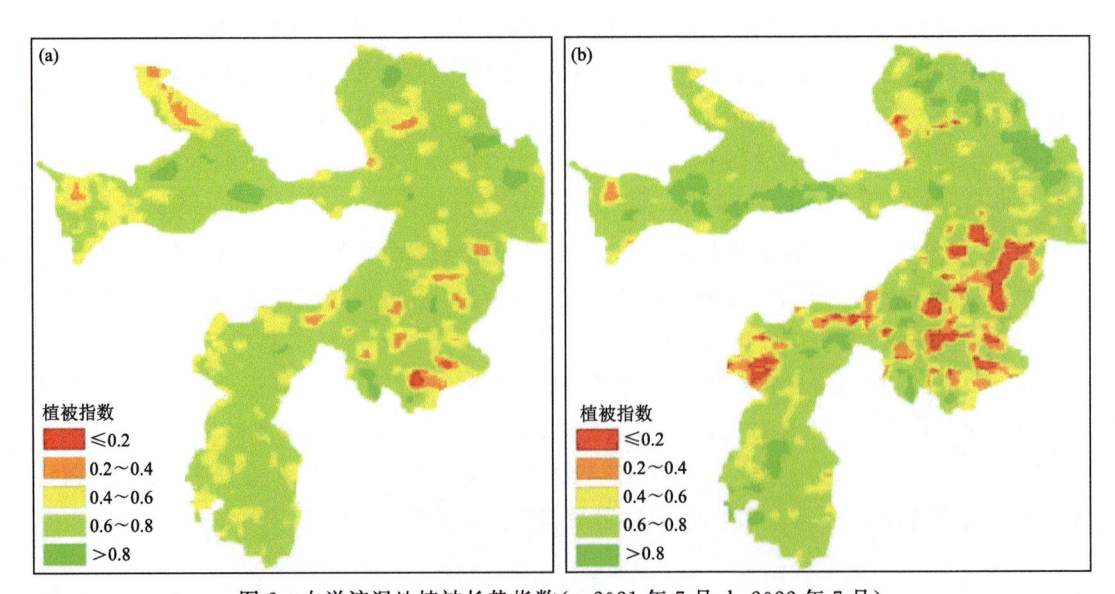

图 2 白洋淀湿地植被长势指数（a.2021年7月，b.2022年7月）

三、汛期新区降水过程较多,白洋淀水质整体稳定

2022年汛期,新区共经历24次降水过程,受天气高温多雨和白洋淀上游雨污水下泄频繁影响,白洋淀水质出现波动,但根据国家初审数据综合评价,2022年1—8月白洋淀水质总体仍保持在Ⅲ类,主要污染物化学需氧量浓度为15.9毫克/升,同比下降23.9%;高锰酸盐指数为4.5毫克/升,同比下降22.4%;总磷0.035毫克/升,同比下降16.7%,均同比持续改善,淀区水质稳定保持在良好湖泊行列。

四、工作建议

(1)继续完善白洋淀生态水文气象综合监测体系,持续提升现有监测站网数据应用,定期开展白洋淀生态环境质量气象条件影响评估。

(2)进一步强化部门信息共建共享机制,持续加强水利、环境和气象部门之间沟通交流,畅通信息共享和会商渠道,共同保障白洋淀生态安全。

(3)开展白洋淀及上游流域人工影响天气工作,重点加大非汛期淀区及上游流域生态增雨(雪)作业力度,有效增加上游地区水资源涵养量和淀区降水量。

内蒙古自治区 2018—2020 年年均碳排碳汇居全国前列，中西部碳排大，东部碳汇明显

杨晶　董祝雷　冯晓晶　钱连红

（内蒙古自治区气象局　2022 年 12 月 5 日）

摘要：利用中国气象局温室气体及碳中和监测评估中心的碳源汇监测核查支撑系统（CCMVS），对内蒙古自治区 2018—2020 年人为碳排放（碳源）和自然碳交换（碳汇）进行了初步反演评估。研究表明：2018—2020 年内蒙古年均人为碳排放 2.23 亿吨碳，居全国第三位；自然碳汇年均 0.72 亿吨碳，居全国第五位；碳汇与碳排比高于全国平均水平。内蒙古人为碳排放较大区域位于"呼包鄂"经济区以及乌海市周边地区，东部地区碳汇效果明显。

一、2018—2020 年碳源碳汇量

利用 CCMVS 系统计算得到内蒙古自治区 2018 年、2019 年和 2020 年人为碳排量分别为 2.16 亿吨碳、2.24 亿吨碳和 2.30 亿吨碳，人为碳排量与经济状况（GDP）有一致的变化趋势。全区人为碳排放量全国排名第三，仅次于山东省和河北省。

全区 2018 年、2019 年和 2020 年自然碳汇量最大值分别为 0.72 亿吨碳、0.74 亿吨碳和 0.70 亿吨碳。最大值是因为反演获得的自然碳汇量通常还需要扣除一个地区的农田碳汇、生态系统非二氧化碳排放、周边省碳输送量及森林火点排放等，实际的碳汇比反演的碳汇最大值通常要小约 20%，以下提到的自然碳汇量指最大值。自然碳汇量全国排名第五，在全国北方仅次于黑龙江省。

实现区域碳中和，即碳汇与人为碳排放量的比值达到 1。全区 2018 年、2019 年和 2020 年自然碳汇与人为碳排放量的比值分别为 0.337，0.328，0.307，高于全国平均水平（约为 0.20）。

二、内蒙古碳源碳汇分布和各盟市人为碳排放年际变化情况

2018—2020 年全区平均人为碳排放量高值区主要分布在经济较为发达的城市周边，其中，"呼包鄂"经济圈、乌海市及其周边区域人为碳排放量最大（图 1）。

2019 年作为经济社会活动的正常年份，各盟市 GDP 较上一年均为增长；除兴安盟、锡林郭勒盟、乌兰察布市以及阿拉善盟外，各盟市人为碳排放相比于上一年度均有不同程度上升，碳排放增加的前三位为鄂尔多斯市、通辽市、呼和浩特市；2020 年，受疫情等因素影响，全区各盟市 GDP 增速放缓，其中，巴彦淖尔市、鄂尔多斯市和呼伦贝尔市 GDP 出现负增长。

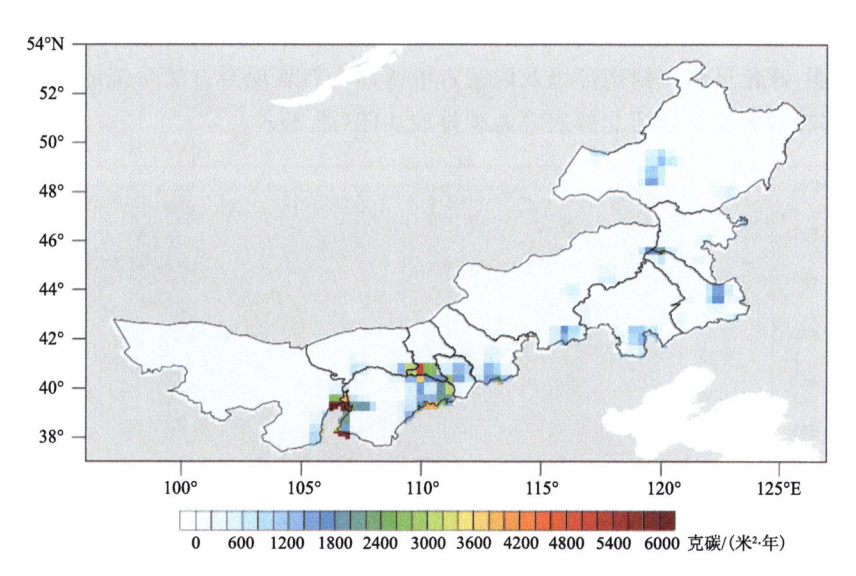

图1 2018—2020年内蒙古平均人为碳排放空间分布

人为碳排放量增加前三位的盟市为阿拉善盟、锡林浩特市、乌海市。其中，鄂尔多斯市人为排放量与GDP的关联性高，人为排放量随GDP的增长而增加，随GDP下降而减少（图2）。

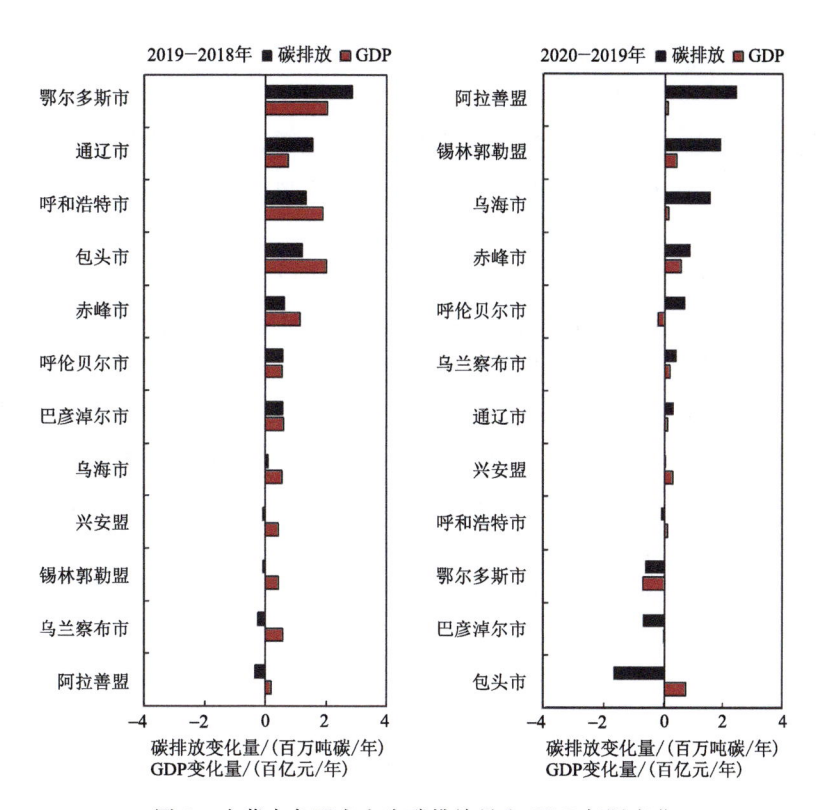

图2 内蒙古各盟市人为碳排放量和GDP年际变化

分析显示,内蒙古东部(呼伦贝尔市、兴安盟、通辽市、赤峰市)大部、中部偏南等地区表现为碳汇功能;呼伦贝尔市西南部以及内蒙古中西部大部表现为自然系统的碳排放功能(碳源)。锡林郭勒盟典型草原西北部表现为碳排放功能(图3)。

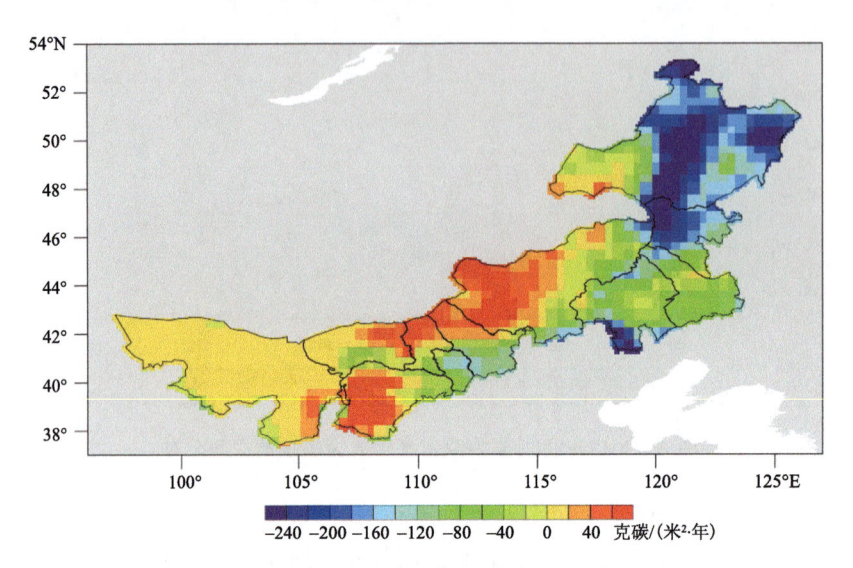

图3 2018—2020年内蒙古平均自然碳通量空间分布

三、助力"双碳"目标实现的工作建议

一是优化整合各部门的高精度温室气体地面观测站点,形成科学完善、数量合理的自治区级温室气体一体化、业务化监测网络体系,提升碳源汇监测核查结果的准确度和精细化程度,及时、全面、客观把握全区不同尺度碳源汇变化情况。

二是实现碳源汇监测核查和绿色发展统计监测的联动,构建碳源汇和绿色发展综合监测评估体系,形成常态化的监测核查和支持机制,为内蒙古践行国家碳中和重大战略及经济社会发展全面绿色、低碳、高质量转型提供更有效的决策支持。

三是加强碳源、碳汇精细化评估技术研究。受气象条件、经济活动等影响有可能出现生态系统碳汇与植被指数相悖的变化趋势。因此,在继续加强绿化和造林的同时,还有必要进一步开展内蒙古生态系统碳汇过程和影响因素研究,从而更好地挖掘利用固碳潜力和碳汇资源。同时,内蒙古各地受经济社会发展类型和水平差异影响,不同地区不同时段的GDP、能源消耗等变化对应着不同的碳排放变化趋势和幅度,还需加强排放系数适用性分析和本地化研究等工作。

党的十八大以来，上海市空气质量改善产生的健康效益评估及未来潜力分析的报告

常炉予　许建明　彭丽　王伟炳　阚海东　周一心　肖绍坦　周弋

（上海市气象局长三角环境气象预报预警中心　2022年9月29日）

摘要： 空气污染是损害人类健康的首要环境危险因素。世界卫生组织（WHO）指出，大气中的细颗粒物（$PM_{2.5}$）能够损害人体的呼吸和免疫系统，引发和加重心脑血管和呼吸系统疾病，增加患者的死亡风险。党的十八大以来，上海市委市政府全面推进生态文明建设，持续实施清洁空气行动计划。2021年上海市$PM_{2.5}$浓度降至27微克/米^3，空气质量创有监测记录以来最好水平。重污染天气完全消除，污染防治攻坚战阶段性目标全面实现，这是上海市委市政府努力践行习近平生态文明思想的重要成果。为了积极宣传生态文明建设取得的成就，科学评估空气质量改善对健康上海行动的贡献，上海市气象局依托上海市气象与健康重点实验室，联合市医疗保险事务管理中心、浦东新区疾控中心、复旦大学公共卫生学院等单位，通过环境、卫生、气候等大数据融合与多学科交叉，科学评估党的十八大以来$PM_{2.5}$质量改善对上海市心脑血管、呼吸两类疾病人群的趋利效应，以及对医疗支出的影响，同时研判未来空气质量持续改善促进健康水平提升的潜力，以及气候变化和老龄化对健康上海建设的影响。

一、上海市$PM_{2.5}$浓度降低产生的健康效益

（1）$PM_{2.5}$环境暴露显著诱发和加重心脑血管和呼吸系统疾病。利用经典的环境风险暴露评估、环境卫生价值评估等方法，分析2013年以来上海市$PM_{2.5}$浓度与呼吸和心脑血管疾病门急诊人次、住院人次、死亡人数的关系发现，大气中$PM_{2.5}$浓度每增加10微克/米^3，归因于$PM_{2.5}$暴露导致的本市呼吸和心脑血管两类疾病的门急诊人次分别增加0.59%和0.74%、住院人次分别增加0.62%和0.52%（全国平均增加0.2%~0.4%）、死亡人数分别增加0.69%和0.45%（全国平均增加0.3%~0.5%）。上述结果均具有流行病学统计意义，表明$PM_{2.5}$暴露是影响本市呼吸和心脑血管疾病患者健康水平的重要因素，对两类疾病的诱发和加重具有显著影响，并且高于全国平均风险水平，这可能与本市人口密集、老龄化程度高有关。

（2）$PM_{2.5}$质量改善产生了显著的健康效益。自2013年实施《清洁空气行动计划》以来，上海市$PM_{2.5}$浓度大幅下降，2021年较2013年下降了55.4%，其中，前5年（2013—2017年）下降幅度最显著。空气质量改善必然会降低市民的环境暴露风险，促进健康水平提升。

以对空气污染敏感的呼吸和心脑血管疾病为例,2021年上海市归因于$PM_{2.5}$暴露的门急诊人次为81.7万,较2013年(175.6万)降低了93.9万;住院人次为1.08万,较2013年(2.32万)减少了1.24万,同时避免了1508人过早死亡。可见,空气质量改善降低了上海市呼吸和心脑血管疾病的发生风险和严重程度,其中,对心脑血管疾病患者的趋利效应更加显著,其门急诊人次和住院人次分别减少了68.6万和0.82万。统计年鉴显示,上海市呼吸和心脑血管疾病患者每人每年的门急诊总开支约为457元,住院总开支约为17800元。据此估算,党的十八大以来,归因于$PM_{2.5}$浓度降低,上海市心脑血管和呼吸两类疾病的门急诊和住院医疗支出共减少约6.5亿元。考虑到2020年以来新冠疫情可能对医疗活动产生不确定影响,进一步分析$PM_{2.5}$浓度快速下降阶段(2013—2017年)的环境健康数据,发现2017年上海市归因于$PM_{2.5}$暴露产生的呼吸和心脑血管疾病门急诊人次较2013年减少了64.9万,住院人次减少了0.86万,医疗开支降低了4.5亿元。可见,空气质量改善越明显,取得的健康效益越显著。

二、未来上海市空气质量改善提升健康水平的潜力分析

(1)环境健康效益提升仍然存在较大潜力。近3年上海市$PM_{2.5}$平均浓度为31微克/米^3,距离世界卫生组织推荐的健康临界暴露值(5微克/米^3,基本不造成健康损害)仍有较大差距,环境健康效益提升仍存在相当潜力。李强书记在上海市第十二次党代会上指出,必须持续巩固和提升本市生态环境质量,协调控制$PM_{2.5}$和O_3。预计未来上海市空气质量将持续改善,由此产生的健康效益将继续提升。以$PM_{2.5}$为例,近3年上海市优、良、污染三个等级分别占69%、27%和4%,如果彻底消除污染,即$PM_{2.5}$优、良等级分别达到69%和31%,则上海市呼吸和心脑血管疾病的门急诊将继续降低4万~7万人次,住院减少500~800人次。在此基础上如果上海市$PM_{2.5}$优等级从69%提升到80%,则呼吸和心脑血管疾病的门急诊将继续降低5万~12万人次,住院减少700~1600人次。可见,随着空气质量持续改善,环境健康效益将继续凸显。

(2)气候变化会部分抵消空气质量改善的健康效益。研究表明,不适宜温度,包含极端低温(日最低气温≤2 ℃)和极端高温(日最高气温≥35 ℃)是仅次于空气污染的第二大致死环境因素。计算发现,在过去10年里,上海市因极端天气每增加一次不适宜温度事件,呼吸和心脑血管疾病的死亡人数分别增加11.95%和5.7%,可见不适宜温度会对脆弱人群造成显著的健康损失。相比之下,极端高温引起的健康损失比极端低温更严重。以呼吸系统疾病为例,上海市极端高温增加导致的死亡风险较极端低温偏高1.48%。2022年上海市出现了49个高温日,较过去10年平均高温日数增加了1倍。可以预见,在气候变化背景下,未来上海市不适宜温度事件趋于增多,将加重温度敏感疾病患者的健康负担和损失,进而部分抵消空气质量改善产生的健康效益。因此,需提前关注极端天气对健康的不利影响,研究制定针对性措施,巩固空气质量改善产生的健康效益。

(3)空气污染暴露对老龄人造成的健康损失更加严重。研究指出,空气污染暴露会对老人造成更加严重的健康损失。以上海市呼吸和心脑血管两类疾病的发病人数为例,$PM_{2.5}$浓

度每升高 10 微克/米³,归因于 PM$_{2.5}$暴露导致的老年人(年龄超过 65 周岁)分别增加 0.72%和 0.77%,而非老龄人分别增加 0.53%和 0.71%;NO$_2$浓度每升高 10 微克/米³,归因于 NO$_2$暴露导致的老年发病人数分别增加 4.31%和 4.56%,非老龄发病人数分别增加 3.62%和 4.19%。可见,老年人是环境污染暴露的脆弱人群,受到的环境健康损失最严重。上海是我国老年人口最集中、老龄化程度较深的城市,针对老龄慢病构建跨前预防、过程干预、事后跟踪的全周期健康管理模式,有助于提升老年人生命质量。

三、下一步工作打算

(1)加强对上海市气象与健康重点实验室的支持,强化在环境、气象、卫生等交叉领域的科技创新,深入探索气候变化、环境改善对本市慢病和传染病的影响机理,为本市气候环境敏感疾病的预防应对提供扎实的科学支撑。

(2)加快建设基于天气气候的慢病、传染病预报预警体系。围绕数字化转型,强化智慧气象、智慧卫生等系统平台之间的上下游衔接,继续加强气候、卫生等大数据融合和技术互联,构建健康风险预报和影响预判业务,推动以治病为中心转向以预防为中心。

(3)探索构建针对"一老一小"的全周期健康风险管理模式,加快呼吸、心脑等"一老一小"敏感疾病的气候环境风险预报方法创新和预防能力提升,气象、卫生等部门联合探索前端风险预报和研判、中端预防提示和干预、后端跟踪复盘和评估的全链条健康服务模式,着力提升市民的健康水平和幸福感。

浙江省臭氧污染"北重南轻、夏高冬低",建议各地实施差异化臭氧污染精准防控

贺忠华　李正泉　樊高峰　何月　张育慧　方贺　张小伟

（浙江省气候中心　2022年8月25日）

摘要：臭氧是造成浙江省空气质量超标的主要污染因子之一，其形成机理复杂，防控难度较大，一旦形成臭氧污染（臭氧浓度单日8小时最大值超过160毫克/米³），将对生态环境、人体健康造成明显危害。浙江省气候中心监测研究表明：全省臭氧污染分布呈现北重南轻格局，时间分布上，夏半年（4—9月）臭氧污染日数约是冬半年（10月至次年3月）的7倍（图1）。高温、低湿和长时间日照是形成臭氧污染的主要气象因素。为此，建议各地根据NO_x和VOCs排放情况，在不同季节不同天气条件下采取差异化减排措施，依据各地气象台针对臭氧污染条件的专业气象预报，实施臭氧污染的精准防控。

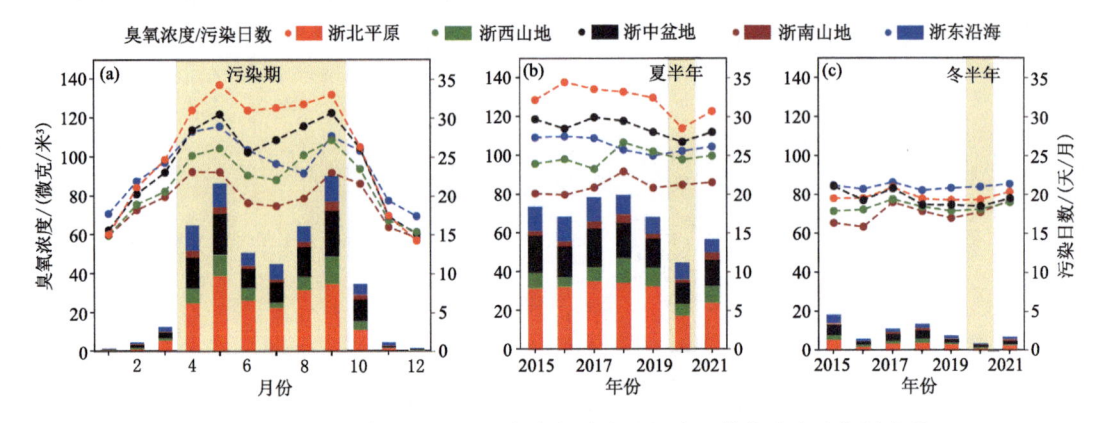

图1　浙江省五区域2015—2021年臭氧浓度和污染日数的月度和年际变化

一、主要成因

（1）高温、低湿和长日照是臭氧形成的重要气象条件。研究发现，臭氧浓度与气温、日照时数成正比，与空气湿度成反比（图2）。高温、低湿和长时间日照会促进臭氧生成，因此，夏半年臭氧污染重于冬半年。其中，6—7月受梅雨影响（高湿、寡照），臭氧污染低于其前后月份。

（2）臭氧的生成，夏半年主要取决于氮氧化物（NO_x），冬半年主要取决于挥发性有机物（VOCs）。臭氧生成源于NO_x和VOCs与氧发生化学反应。研究发现，浙北平原地区夏半

年臭氧浓度的变化与 NO_x 浓度成正比，冬半年反而呈弱的负相关（图2）。该结果表明，夏半年气温高，植被、油、胶和漆等 VOCs 释放量大，混合大气中 VOCs 含量充足（图3），臭氧生成主要受 NO_x 浓度控制，减排 NO_x 可有效降低夏季臭氧污染。由于冬半年 NO_x 浓度较高，臭氧生成前体物比较充分（图3），所以冬半年催化剂 VOCs 对臭氧浓度影响更敏感，减少VOCs 浓度能更加有效降低冬季臭氧污染。

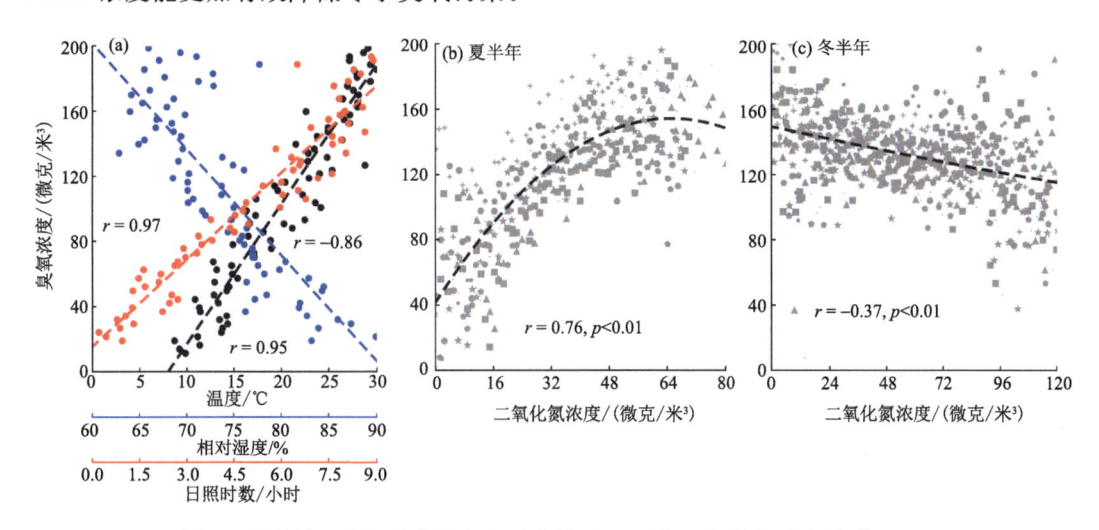

图2　杭州城区臭氧浓度与气象要素关系(a)及与二氧化氮浓度关系(b,c)

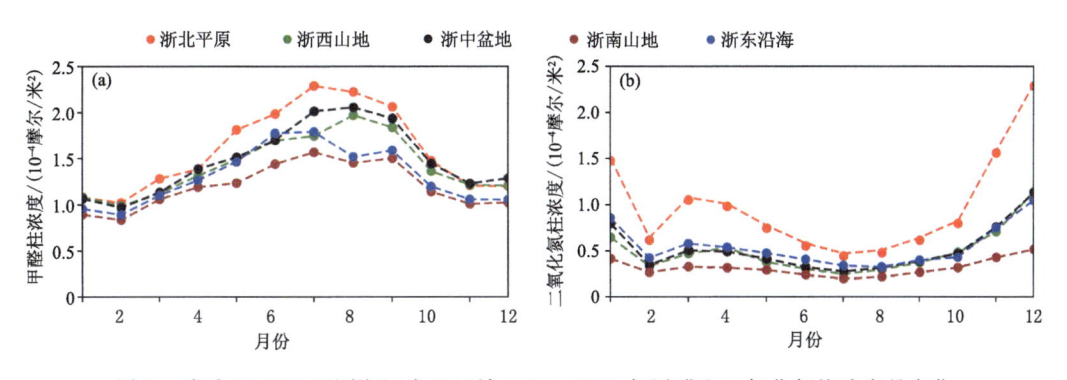

图3　哨兵5P卫星观测浙江省五区域2019—2021年甲醛和二氧化氮柱浓度月变化

二、有关建议

（1）根据臭氧污染时空特征，加强浙北地区的精准防控。空间上，杭嘉湖和宁绍平原县（市、区）是臭氧的主要污染区域；时间上，夏半年是臭氧污染的主要时段，需加强对"臭氧主战场"的应对。

（2）因时因地制宜制定减排措施。夏半年臭氧污染高发，全省应加大力度精准调控 NO_x 排放；冬半年 NO_x 和 VOCs 污染均处于高位，所以 NO_x 和 VOCs 要协同减排，但重点应在调控 VOCs 排放上。由于各县（市、区）大气中 NO_x 和 VOCs 含量比例不一，制定统一的减排措施对防控臭氧的效用不明显,建议各地根据当地实际情况,制定臭氧精准防控措施。

(3)臭氧污染高发区域要支持当地气象部门开展针对性专业气象预报。支持当地气象台加强技术力量,开展针对臭氧污染条件的专业天气预报,为精准调控提供气象预报支撑。此外,在夏半年,适时开展人工增雨作业,通过增湿降温方式,可部分缓解局地的臭氧污染程度,减少连续性臭氧污染事件。

(4)进一步深化臭氧污染生成和调控机理及技术的研究。气温高、湿度低和日照长是臭氧生成的有利气象条件,但在同一气象条件下 NO_x-VOCs 比例差异以及 $PM_{2.5}$ 等其他因子变化对臭氧生成的影响还未完全明晰。建议加强臭氧污染的气象条件及其在臭氧污染治理精准调控中的应用技术研究,纳入省科技攻关重点项目,切实提高臭氧精准防控气象科技支撑能力。

近30年黄河三角洲气候呈暖湿化趋势，
生态环境持续向好

王晗　薛晓萍　孟祥新　李峰　秦泉

（山东省气候中心　2022年9月21日）

摘要：黄河三角洲是黄河下游的重要生态屏障，是中国暖温带保存最完整、最年轻的湿地生态系统。1991年以来，黄河三角洲气候呈明显的暖湿化趋势，尤其是近10年，降水量和平均气温均为有气象记录以来最高。气候条件总体有利于生态环境改善，近30年植被覆盖度明显增大，近10年自然湿地面积逐渐增加，人工湿地开始减少，生态环境明显改善。建议充分利用气候资源，强化云水资源开发，持续推进适应和应对气候变化能力建设。

一、近30年黄河三角洲气候呈暖湿化趋势

（一）近10年为黄河三角洲有气象记录以来最暖

1961年以来，黄河三角洲平均气温呈明显增暖趋势，平均每10年升高0.37 ℃，1991年以来增暖速率加快，平均每10年增暖0.52 ℃，近10年达14.4 ℃，为有气象记录以来最暖（图1）。

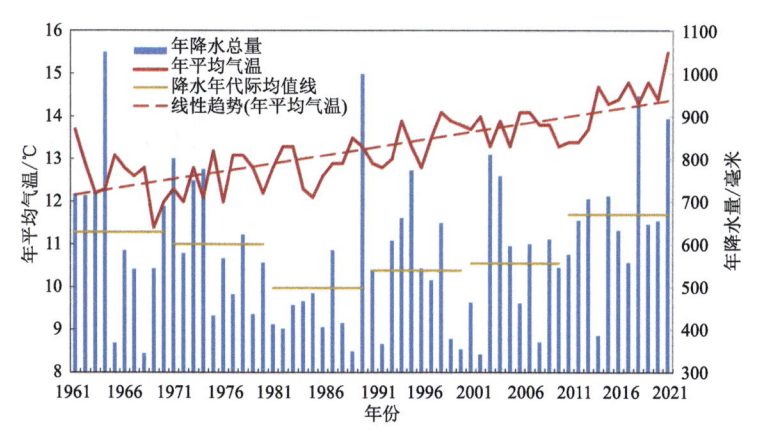

图1　1961—2021年黄河三角洲年平均气温和年降水量年代际变化

（二）降水量处于历史最丰沛阶段

1991年以来黄河三角洲转入降水增多的气候阶段，平均每10年增多66.0毫米，近10年平均降水量达680.0毫米，为有气象记录以来降水最丰沛阶段（图1）。黄河三角洲暖湿化的气候变化趋势总体有利于生态环境改善。

二、黄河三角洲生态环境持续向好

(一)近30年植被覆盖度明显增大,2021年达到61.2%

根据卫星遥感监测,自1992年黄河三角洲国家级自然保护区建立以来,通过实施生态保护和修复工程并叠加有利气象条件,区域内植被覆盖度以平均每10年提高约6.4%的幅度增加,2021年为61.2%,较1992年增加15.9%。植被覆盖度空间分布存在差异,黄河干支流沿岸地区植被覆盖度较高,且呈现出向两侧扩散连接成片的分布趋势,受沿海地区地下水位和土壤含盐量高等因素影响,北部和东部沿海区域植被覆盖度较低(图2和图3)。

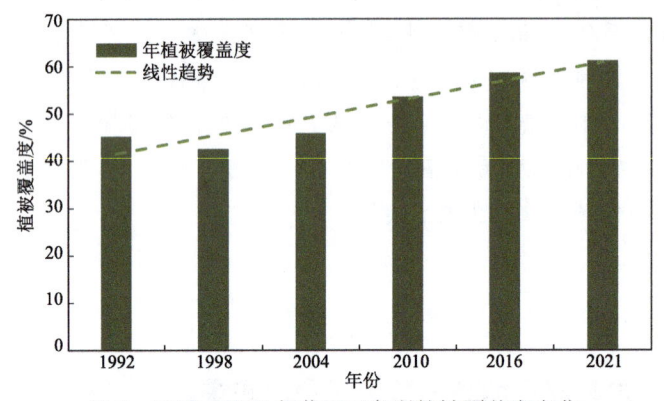

图2 1992—2021年黄河三角洲植被覆盖度变化

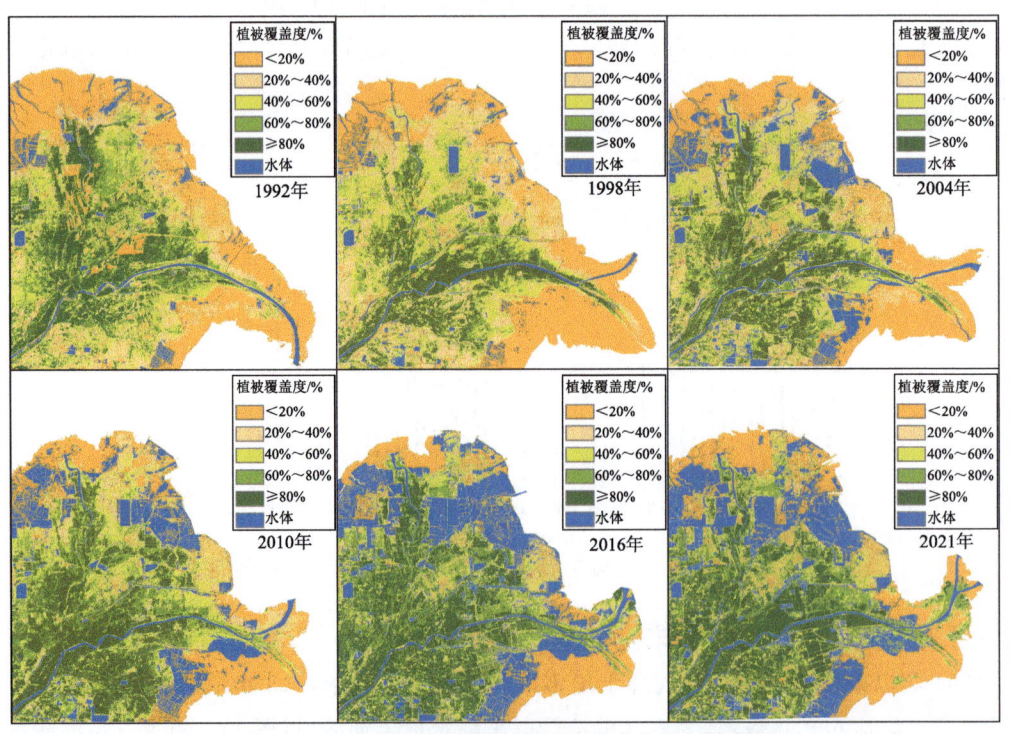

图3 1992—2021年黄河三角洲植被覆盖度空间分布

(二)近10年自然湿地面积逐渐增加,人工湿地开始减少,生态环境明显改善

黄河三角洲自然湿地类型包括滩涂沼泽、草甸芦苇和河流湖泊三类,主要分布于黄河口国家公园及周边区域。根据卫星遥感监测,2010年以前,自然湿地面积平均每10年减少515.3千米^2;近10年随着气候增暖,降水持续增多,同时通过实施清水沟和刁口河等生态补水工程,自然湿地呈增加趋势,2021年较2010年增加364.8千米^2(图4和图5)。

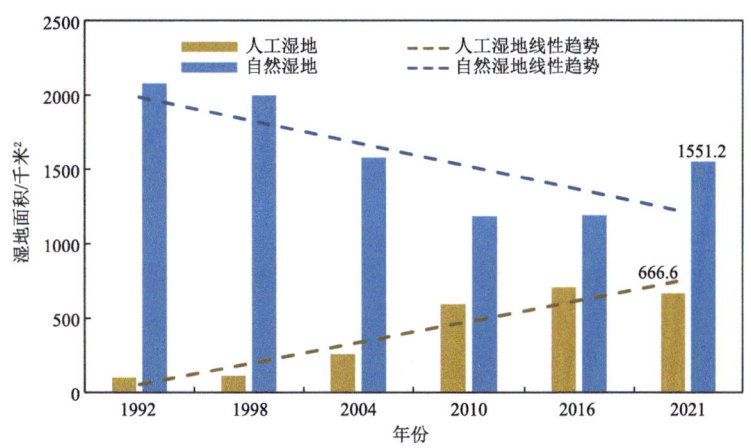

图4 1992—2021年黄河三角洲湿地面积变化

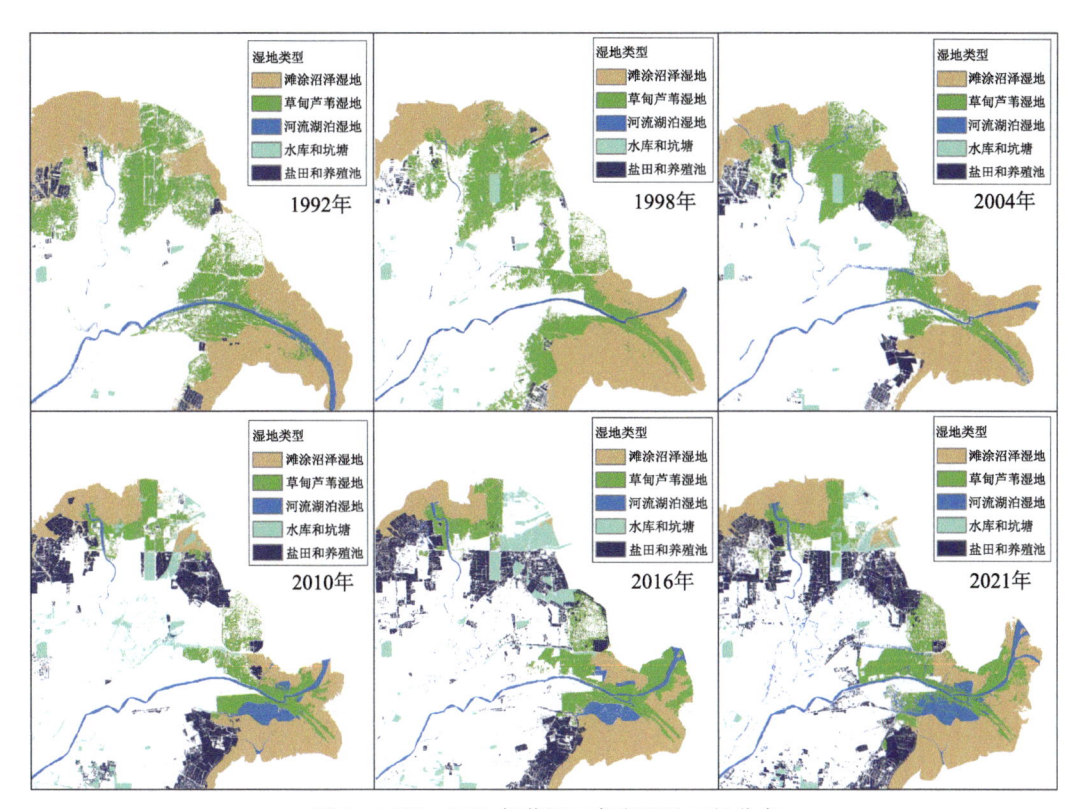

图5 1992—2021年黄河三角洲湿地空间分布

黄河三角洲人工湿地类型包括水库和坑塘、盐田和养殖池，主要分布于北部和东南部区域。2016年以前，人工湿地面积增加迅速，平均每10年增加281.5千米^2；2016年以后，通过实施退耕还湿、退养还滩等生态修复工程，人工湿地面积增幅减缓且略有降低，呈现减少趋势（图4和图5）。

三、黄河三角洲生态环境质量改善的建议

（1）充分利用有利气候条件，强化云水资源开发。根据气候模式预估，到2050年，在中等温室气体排放情景下，山东省气温将继续上升，降水量呈略增加趋势。建议充分利用气候资源，提升云水资源利用率，增大气候条件对黄河三角洲生态改善的效益。

（2）加强生态气象监测预警体系建设。强化"天—空—地"一体化生态气象监测和预警服务能力建设；动态开展黄河三角洲生态环境质量监测与气象影响评估；持续推进黄河三角洲生态保护修复和环境综合治理，加大自然湿地保护修复力度。

（3）强化应对气候变化的科技创新支撑。加强气候变化对黄河三角洲气候承载力影响的监测评估和应对措施研究，开展气候资源开发利用、气候可行性论证、气象灾害风险管理等工作，提升黄河三角洲的气候变化应对能力。

长江流域 2022 年夏季高温干旱对水资源和水电的影响及秋季预测展望

秦鹏程　薛海涵　洪国平　冯扬　刘敏　郭广芬　夏智宏

（长江流域气象中心　2022 年 9 月 8 日）

摘要：2022 年 6 月以来长江流域降水异常偏少、气温异常偏高，均为 1961 年以来同期首位，长江流域发生 1961 年以来历史同期最大范围的气象干旱，流域干支流来水显著减少，流域部分水文控制站 8 月径流量较有记录以来历史同期偏少 45%～65%，汉口、大通、湖口水位均达到历史同期最低。受上游来水明显偏少影响，部分大型水电站入、出库流量和发电出力明显下降，为近 5 年最少或次少。预计秋季长江上游北部、乌江上中游和汉江上游西北部降水偏多 1～3 成，秋季长江上游和丹江口水库来水较近 5 年同期将偏少 2 成左右，三峡和丹江口水库蓄满有一定难度，流域水电发电量将低于常年。

一、长江流域夏季气候特点和气象干旱发生情况

（1）降水量为历史同期最少，长江上游仅次于 2006 年。6 月以来长江流域及其上游累积降水量分别为 361 毫米和 354 毫米，较常年同期分别偏少 3.3 成和 3 成，全流域为历史同期最少，上游仅次于 2006 年。特别是 7 月以来长江流域及其上游降水量分别为 179 毫米和 207 毫米，较常年同期（341 毫米和 349 毫米）偏少近 5 成和 4 成，均为历史同期最少。

（2）气温显著偏高，高温日数最多。6 月以来长江流域平均气温 27.2 ℃，较常年同期偏高 1.9 ℃，其中，7—8 月流域平均气温偏高 2.4 ℃，均排历史同期首位。平均高温日数 32.8 天，较常年偏多 19.2 天，排历史同期首位（图 1）。日最高气温共有 549 站排历史同期首位；387 站最高气温达 40 ℃或以上（图 2）。极端最高气温达 45.0 ℃，出现在重庆北碚。

（3）夏季气象干旱发生范围为 1961 年以来同期最广。6 月以来流域大部地区持续少雨，加上异常的高温导致蒸发量大，土壤失墒快。从 6 月下旬开始，川渝地区、湖北、江西、浙江等地陆续出现气象干旱，并迅速扩展至全流域 92.7% 的区域（图 3 和图 4）。8 月全流域平均干旱日数 24.8 天，为历史同期最多，其中，长江上游 8 月平均干旱日数 22.2 天，仅次于 2006 年（24.7 天）。

二、2022 年气象条件对流域水资源和水电的影响

长江流域水能资源分布总体上西多东少，宜昌以上上游地区可开发的水能资源则占全流域的 87%，气象条件与流域水资源和水力发电关系密切。

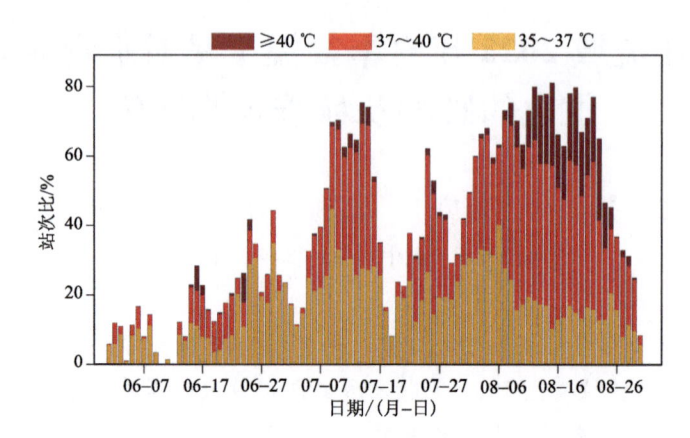

图 1　2022 年 6 月 1 日至 8 月 31 日长江流域高温站次比逐日变化

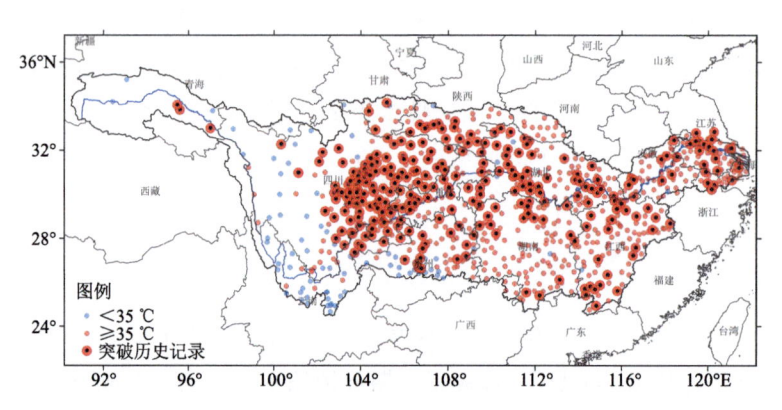

图 2　2022 年 6 月 1 日至 8 月 31 日长江流域极端最高气温空间分布

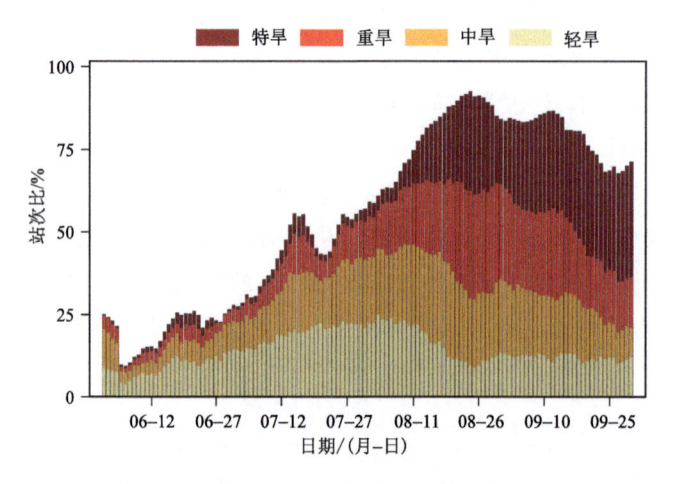

图 3　2022 年 6 月 1 日至 9 月 30 日长江流域干旱站次比逐日变化

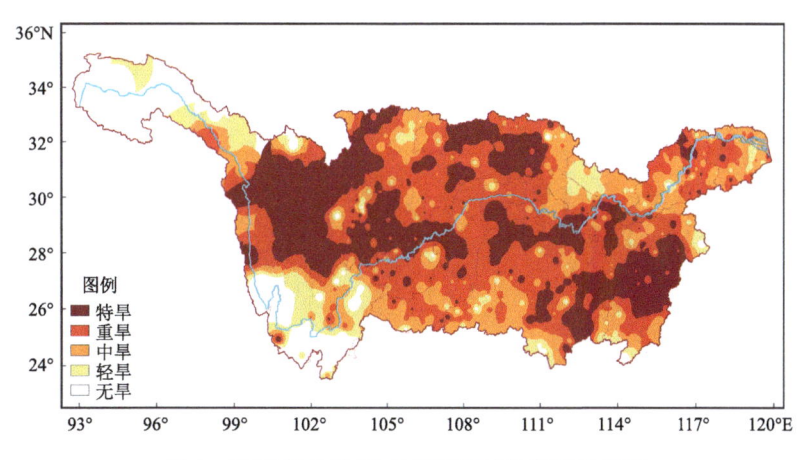

图4 2022年8月25日长江流域气象干旱监测

(一)长江上游1—5月降水异常多,有利水电站发电

长江上游流域1—5月平均降水量298毫米,较常年偏多3.3成,为历史同期最多,造成上游水库水位明显偏高,汛前消落压力大。但来水充足使得上游水电站发电效益好,截至2022年6月30日,三峡集团所属的6座梯级电站上半年累计总发电量244.9亿千瓦时,较去年同期增长46.7%,也为到目前为止三峡集团年度发电任务完成情况与去年基本持平打下良好基础。丹江口水库由于受2021年汉江严重秋汛影响,首次蓄水至170米,同时1—5月来水较常年偏多3.7成,1—5月累计发电量较常年偏多91%,也有助于其完成向北方供水任务,截至9月6日08时丹江口水库已经完成全年供水任务的110%。

(二)长江上游夏季高温干旱对水资源和水电站发电的影响

(1)对水资源的影响。进入6月后上游由涝转旱,特别是7月以来,金沙江、嘉陵江、乌江、上游干流区间平均面雨量较常年偏少3~6成,汉江上游偏少近2成,加上气温异常偏高,蒸发加大,流域干支流来水显著减少。其中,长江上游主要流域部分水文站8月径流量较有记录以来历史同期偏少45%~65%(图5),宜昌水文站径流量和水位分别为1890年以来历史同期第3少和第2低,中游汉口水文站8月径流量和水位为1961年以来同期最少(低),洞庭湖、鄱阳湖在8月提前进入枯水期。溪洛渡、向家坝、三峡等大型水库电站8月入、出库流量较近5年同期偏少2~5成,为近5年来最少或次少;丹江口水库8月入库水量和水域面积为2015年以来同期第3少(图6)。截至8月16日,重庆市66条河流断流,25座水库干涸,2138眼机电井出水不足。

(2)对水电站发电影响。由于水库入库流量大幅减少并处于低水位,大型水电站发电出力明显下降(图7)。从7月上旬至8月下旬三峡集团的4座大型水电站发电与近5年同期比较不断减少(图8),其中,三峡电站7—8月累计发电量较近5年同期偏少42%。6—8月丹江口水库来水较多年同期偏少达5.7成,向中下游平均供水(发电流量)仅580米^3/秒左右,发电量较常年偏少27%,较去年偏少56%。水电大省四川省来水较常年减少5成以上,多个水电站水库蓄水几乎消落至死水位,天然来水电量从同期的9亿千瓦时,下降到了4.5

亿千瓦时,下降幅度达到50%。

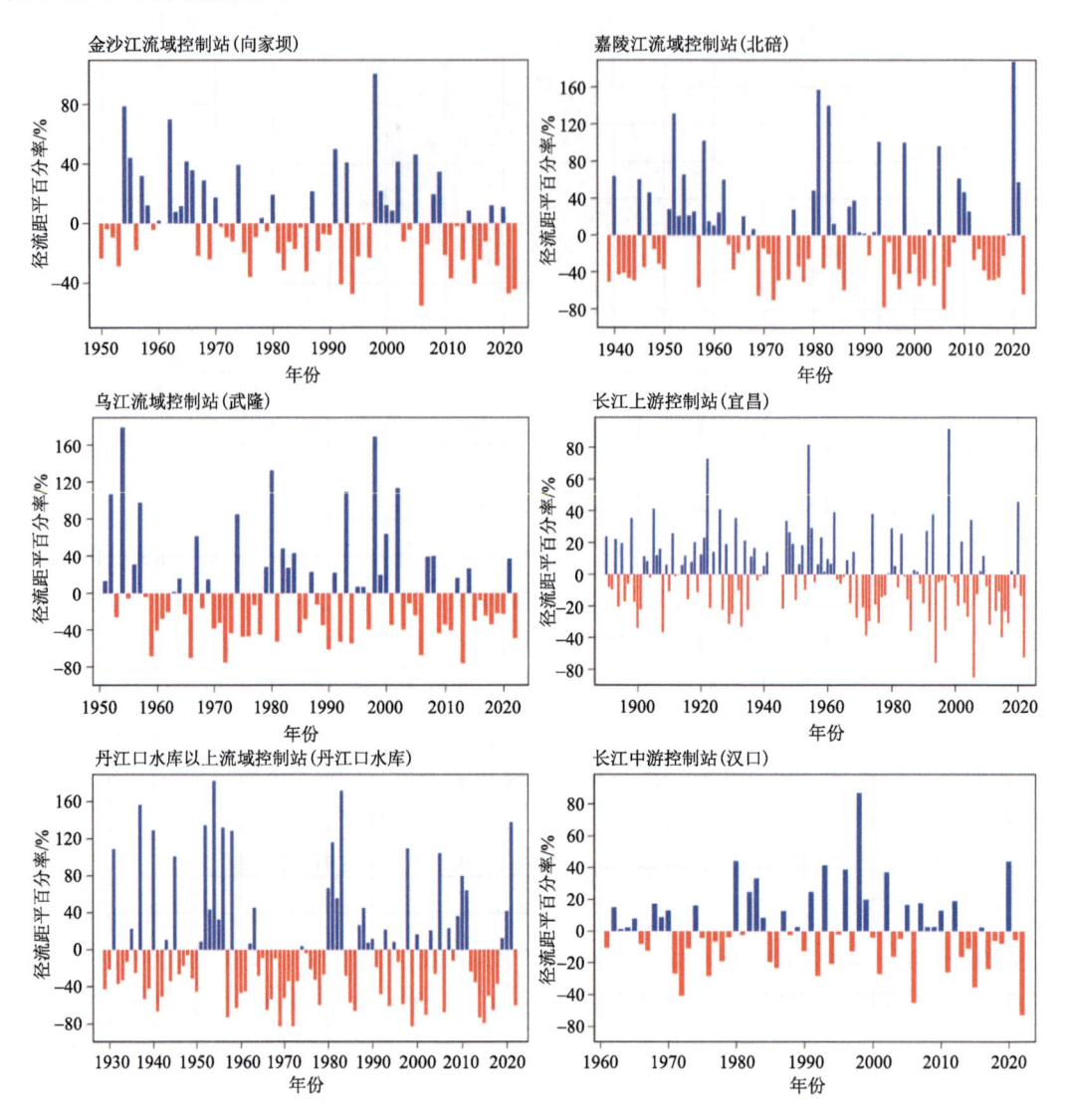

图5 长江流域主要水文控制站历年8月径流距平百分率变化

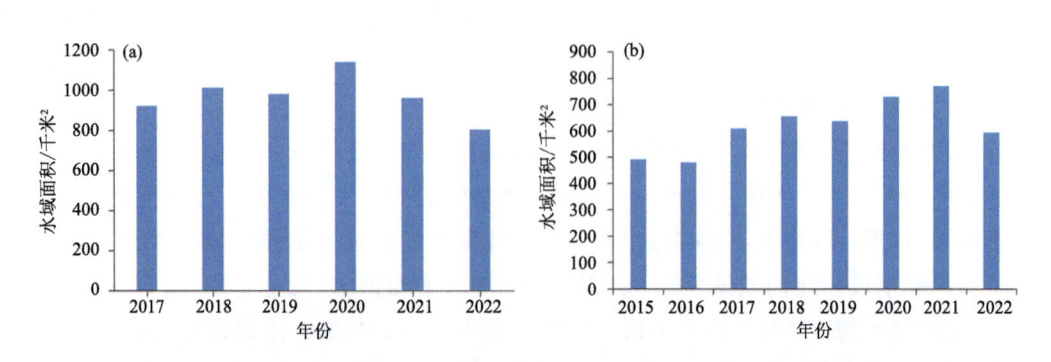

图6 三峡水库(a)和丹江口水库(b)历年8月水域面积变化(卫星遥感监测)

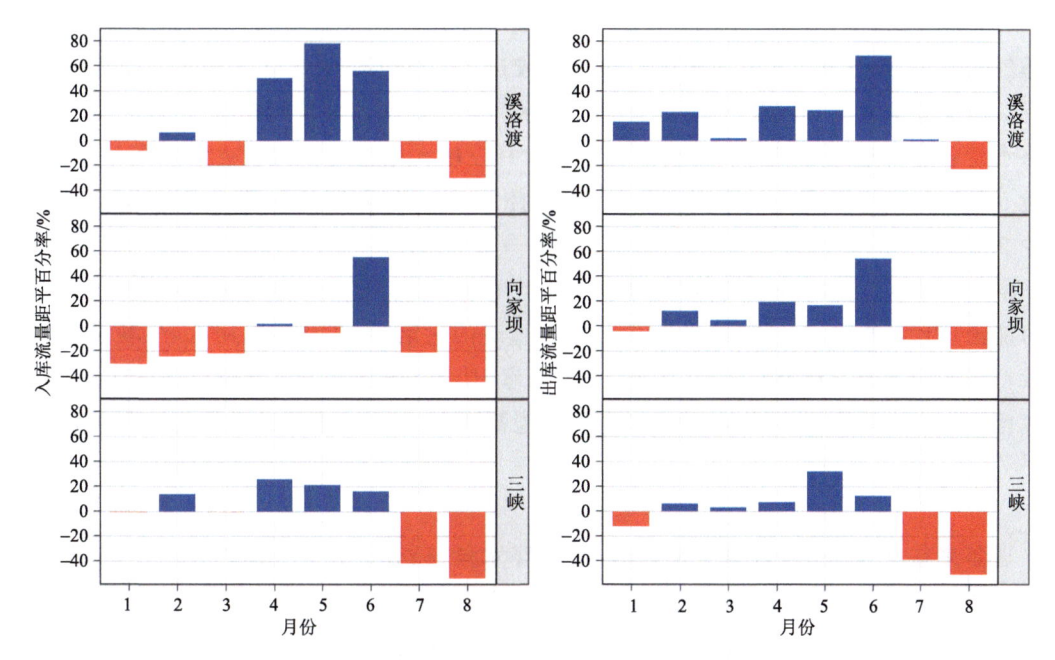

图 7　2022 年逐月三峡等水电站入库流量和出库流量距平百分率

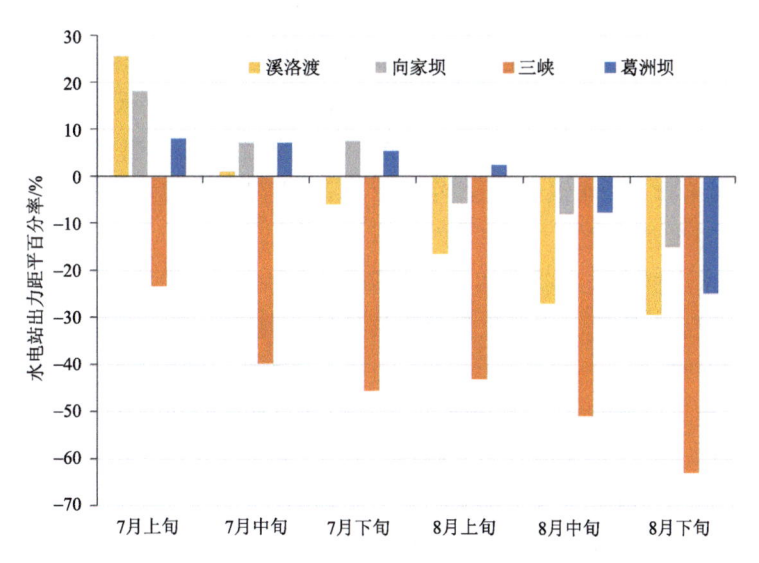

图 8　典型水电站 2022 年 7—8 月逐旬发电出力与近 5 年同期的距平百分率变化

三、秋季气候预测及对水库蓄水和发电的影响

(1)长江流域秋季降水上游略多,中下游明显偏少。预计长江流域秋季降水总体呈上游略多,中下游明显偏少的趋势,其中,金沙江北部、岷沱江、嘉陵江、汉江上游、乌江上中游和太湖水系降水偏多 1~3 成,流域其他大部偏少 1~4 成,其中,9 月金沙江上中游、岷沱江、嘉陵江、汉江上游和太湖水系偏多 1~3 成,流域其他大部偏少 1~4 成。

(2)三峡及丹江口水库完成秋季蓄水目标有一定难度。根据当前气象、水文监测，结合秋季气候预测，预计9月长江上游天然来水量较近5年同期偏少2成左右；9—11月来水量较近5年同期偏少1~2成。预计9月丹江口水库来水量较近5年同期偏少3~4成，9—11月来水量较近5年同期偏少4成左右。预计9月三峡水电日均出力较去年同期偏少4成，较近5年平均偏少3成；9—11月三峡水电日均出力较去年同期偏少近4成，较近5年平均偏少3成。

虽然秋季长江上游降水略多，但目前长江上游水库群待蓄库容缺口较大，同时长江中下游可能出现伏秋连旱，为了保障中下游干旱严重时的生活、生产和生态用水，三峡及丹江口水库都将向中下游下泄补水抗旱，因此，三峡水库10月底蓄至正常蓄水位(175米)和丹江口水库蓄到170米均有一定难度，丹江口水库有望蓄到162米，基本能满足向北方调水需求。

四、重点关注

近年来在全球气候变暖背景下，长江上游降水量、径流量时空变异程度加剧，造成水库入库水量变动范围增大，水电的常规丰枯季模式紊乱。在未来气候变化情景下，预计长江上游年平均径流量可能呈增加趋势，极端旱涝事件频率和强度增加明显，给长江流域大型水库的管理带来较大挑战。为此建议如下：

(1)建立适应极端气候事件和气候变化的水资源管理方式。深入开展气候变化对重大水利工程影响评估，制定应对气候变化和极端气候事件的长远规划和方案，完善重大洪涝、干旱遭遇事件的水库调度应急预案。根据气候变化规律优化调整水库水资源调度管理方案，综合利用流域气象预报预测信息，在保证防洪安全的前提下，适当提高防洪限制水位，提高水库洪水资源利用率和蓄水保证率，减少弃水率，最大限度发挥重大水利工程防洪、供水、发电、航运和生态等综合效益。

(2)提升流域水库群水资源联合调度气象预报水平和人工增雨能力。加强长江流域极端气候事件成因研究，加强季节和月尺度旱涝转换等极端天气气候事件前兆信号的研究，增强气候异常波动和转折的预测能力。加强短、中、延伸期降水智能精细化预报技术研究，提高预报精度，延长预见期，为长江上游水库群水资源联合调度提供技术支撑。加强人工增雨能力建设，适时开展大范围跨区域空地联合增雨作业，助力丹江口水库等大型水库增加水库库容，减少极端天气气候事件背景下的工程运行风险。

(3)积极推进风光水火储多能互补基地建设，提高能源供应稳定性。逐步提升长江上游水电密集区风电、光伏等清洁能源规模利用，发挥水电、煤电调节性能，适度配置储能设施，统筹多种资源协调开发、科学配置，发挥新能源富集地区优势，实现清洁电力大规模消纳，在优化能源结构的同时，破解资源环境约束，提升能源的综合利用效率，降低极端旱涝发生时能源供应的不稳定性，实现"双碳"目标和绿色发展。

河池市高海拔地区风能资源属"较好"等级，开发利用潜力较大

刘芳　莫益江　陆鸿生　黄珩

（广西壮族自治区河池市气象局　2022年10月8日）

摘要： 风能资源评估是进行风能资源开发利用规划的重要基础性工作。经利用1960—2021年气象资料及风电场数据开展河池市风能资源评估表明，河池市高海拔地区风能资源属"较好"等级。河池市风能年资源总量呈现随海拔高度增高风功率密度增大趋势，同时存在空间和季节分布差异。建议根据河池市的实际，加快风能发电等风能资源开发利用，进一步完善河池市能源保障体系，并根据风能资源分布特征来规划项目产业布局和发展，开展气象因素对风能发电的影响预报服务研究及气候环境资源评估，确保能源供应平稳。

一、河池市风能资源月际变化特征

河池市属于东亚大陆南部的低纬地区，既受低纬度大气环流的影响，又受中、高纬度大气环流的支配，具有雨热同季，夏长冬短，光照充足，冬无严寒，夏无酷暑的特点。由于季风气候的影响，河池市各月风速变化各不相同。从风能资源月际变化来看，河池市70米高度各月平均风速最大值出现在4月（6.3米/秒），最小值出现在8月（3.9米/秒）（图1）；各月风功率密度最大值出现在2月（257.2瓦/米²），最小值出现在8月（89.2瓦/米²）（图2）。

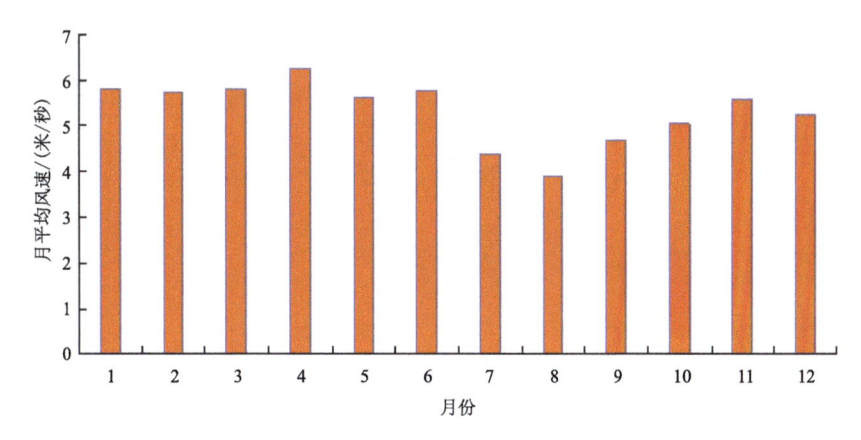

图1　河池市70米高度月平均风速变化

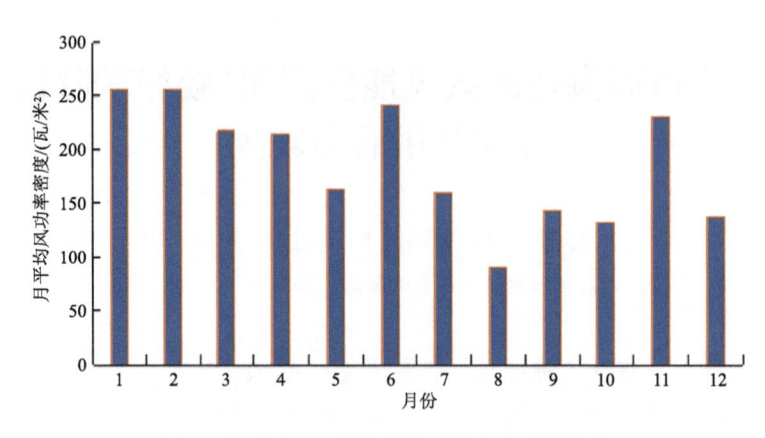

图 2　河池市 70 米高度风功率密度月际变化

二、河池市风能资源变化趋势

根据 1960—2021 年风速变化趋势,河池市大部县(区)风速总体变化趋势不明显(图 3)。从气候变化的长远考虑,在海拔较高的地区,开展风能资源开发利用的效益比较稳定,而其他地区效益略少。

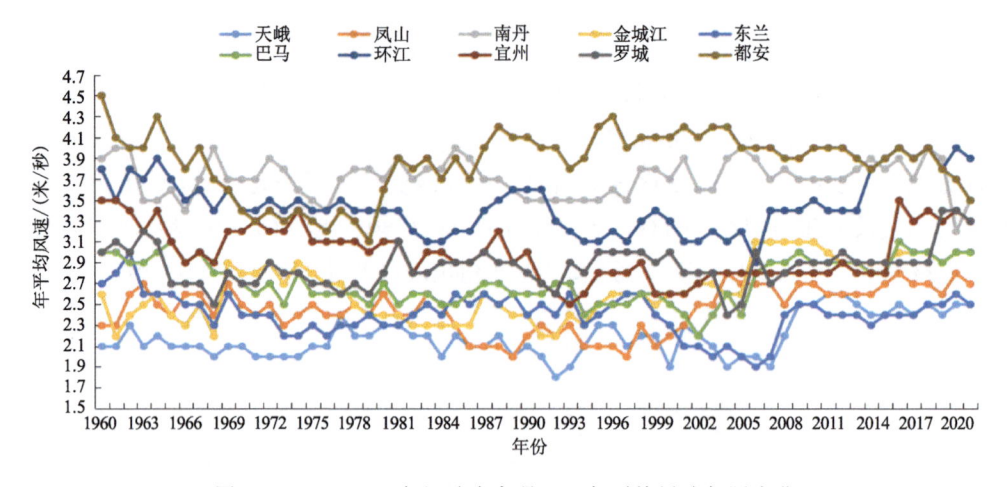

图 3　1960—2021 年河池市各县(区)年平均风速年际变化

三、河池市风能资源空间分布特征

风能是清洁、储量极为丰富的可再生能源,合理利用风能资源对保护生态环境、保障能源安全和实现碳达峰碳中和目标具有重要意义。利用 1960—2021 年气象数据和河池境内风电场数据(5 个)分析河池市风能资源分布,其结果表明:河池市各地 70 米高度年平均风速在 2.5～6.8 米/秒(图 4),风功率密度在 45.0～314.4 瓦/米²,平均值为 142.0 瓦/米²(图 5)。根据《陆上风电场风能资源评估技术规范》(DB45/T 1898—2018)中风功率密度等级划分标准,河池市风功率密度等级为 1 级,风能资源定性评价为"一般";从空间分布来看,河池市海拔高度在1000米以上地区,风功率密度≥230瓦/米²,风功率密度等级为2级,风能资源定性评价为"较好",主要分布在九万大山、凤凰山、都阳山、东风岭一带,具体的分布区域见表1。河池市风能发电等风能资源开发利用及规划布局,可以优先考虑上述区域。

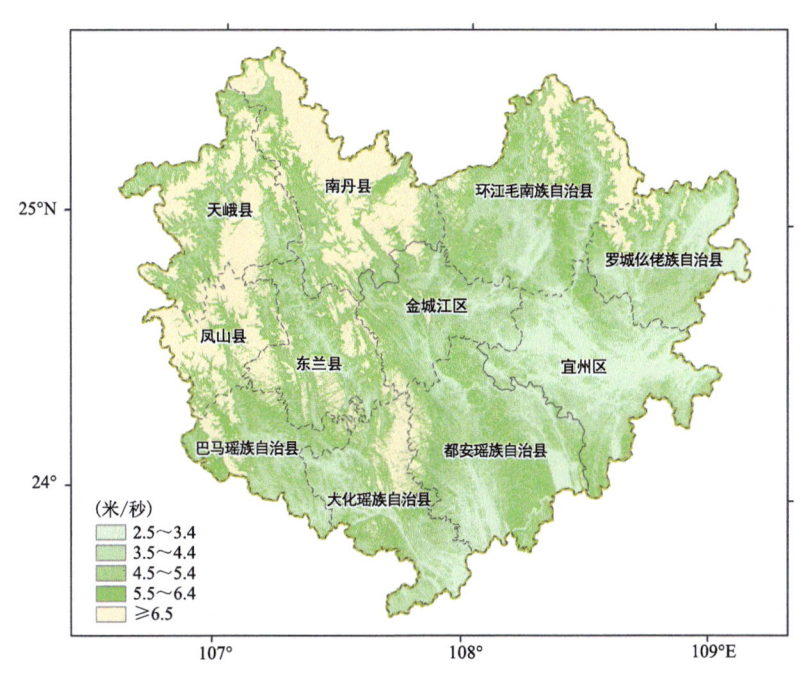

图4 河池市70米高度年平均风速分布

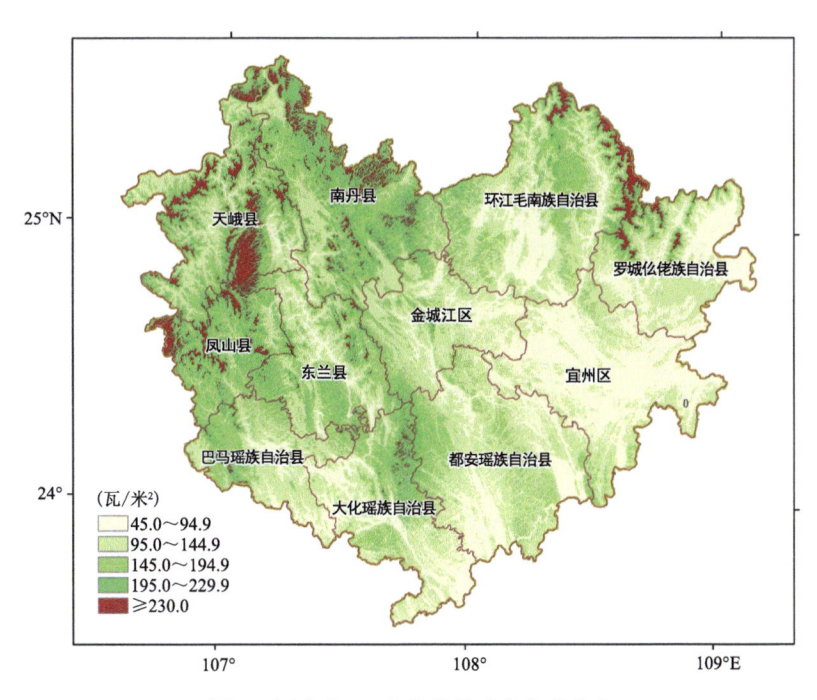

图5 河池市70米高度风功率密度分布

表 1　河池市风能资源最佳分布区域

区域	分布地带
区域一	南丹县北部，天峨县大部地区，凤山县西部和东南部区域
区域二	环江县东部至东北部区域，环江县与罗城县山区交界九万大山地带
区域三	金城江区中部、大化县北部和中部、巴马县的北部和南部

四、建议

（1）河池市高海拔地区风能资源属"较好"等级，开发利用潜力较大。在国家大力推进清洁能源开发利用的大背景下，建议加快河池市风能发电等能源项目建设及引进，优化能源产业发展布局，建设形成风力发电、光伏发电、水力发电等多元化能源体系，为实现碳达峰碳中和目标提供保障。

（2）河池市风能资源时空分布不均，存在空间和季节分布差异，同时在气候变化大背景下，各地风能资源变化趋势存在差异，建议开展风能资源开发利用时，做好产业布局和项目发展规划。

（3）高影响气象因素（暴雨、雷电、低温、冰雹等）对风能发电影响较大，建议加强相关预报预测技术研究及气候环境资源评估，确保用电调度和电力供应平稳，保证生产生活用电。

近期降水对陕西旱情缓解和水资源补给初步分析报告

丁传群　薛春芳　赵奎锋　周自江　杨文峰　张树誉
郑小华　刘璐　宋嘉尧　吴国华

（陕西省气象局　2022年7月17日）

摘要： 7月10日以来陕西经历了两次明显的强降水过程，强降水过程具有覆盖范围广、持续时间长、短时暴雨强度大、局地性强、落区重叠度高等特点，致使陕北、关中部分地区出现不同程度的汛情和灾情。与此同时，强降水改善了土壤墒情，有效缓解了前期高温和旱情。陕西省气象局针对近期降水对旱情缓解和水资源补剂情况进行了初步分析，分析表明：通过自然和人工增雨共同作用，两次过程共产生降水156.46亿吨（相当于6个陕西最大的安康水库库容量，是南水北调中线工程年调水量的1.5倍）；陕西省干旱面积减少了90%；20厘米全省平均土壤相对湿度由46.31%上升到77.6%；强降水区域部分水库水位上涨1～5米、江河水位上涨0.5～2米。陕西作为西部内陆省份，属于水资源较缺乏的省份，本次降水有效补充了江河库坝水资源，对秦岭、黄土高原等重点生态区起到了重要的生态涵养作用。

一、7月10—16日两次强降水和人工增雨情况

7月10日12时至13日12时陕西省共有105个区县1584个气象监测站出现降水，强降水主要分布在榆林大部、关中西部和北部、汉中西部、商洛东部（图1），最大降水量略阳郭镇290.9毫米，共有31个区县98个站累积降水量超过100毫米，58个区县512个站累积降水超过50毫米。全省面雨量38.6毫米，其中，宝鸡69.2毫米、榆林66.7毫米、铜川60.5毫米、咸阳40.9毫米。过程期间，西安、铜川、宝鸡、咸阳、延安、汉中、榆林和商洛8地市21个区县37个作业点开展地面人工防雹增雨作业，作业面积4274千米^2，经评估，作业区县平均增加降水量5.9毫米。在自然和人工降雨作用下产生了79.36亿吨降水。

7月14日00时至16日11时陕西省共有106个区县1793个气象监测站出现降水，强降水主要分布在延安大部、关中东部和北部、汉中和宝鸡西部（图2），最大蒲城县东陈站328.7毫米；共23个区县86个站累积降水量超过100毫米，其中，3个站累积降水量超过300毫米，分别为蒲城县东陈站328.7毫米，洛南县石门镇黄龙铺村站322.4毫米，洛南县巡检镇太子坪村站300.1毫米；62个区县484个站累积降水量超过50毫米。全省面雨量37.5毫米，其中，渭南88.3毫米、延安63.5毫米、西安46毫米、咸阳37.1毫米。过程期间西安、商洛、延安、汉中4个地市11个区县14个作业点开展地面人工防雹增雨作业17次，作业面积1894千米^2，经评估，作业区县平均增加降水量2.6毫米。在自然和人工降雨作用下产生了77.1亿吨降水。

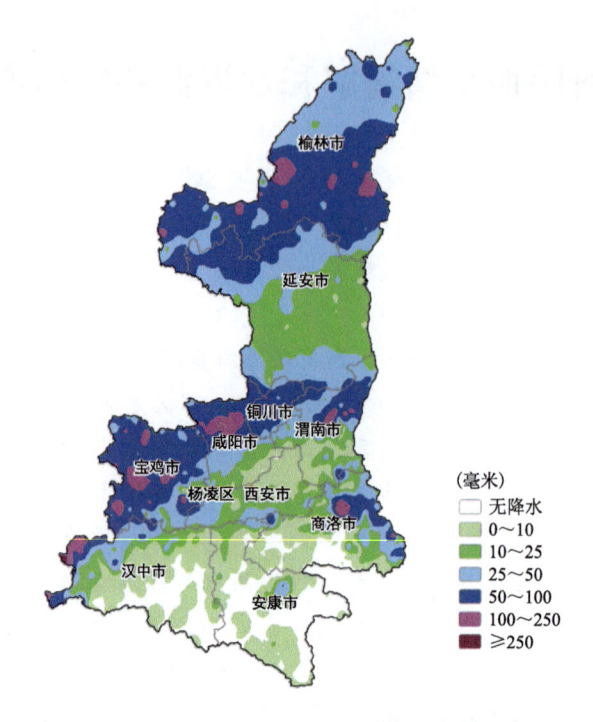

图1 7月10日12时至13日12时陕西省累积降水量

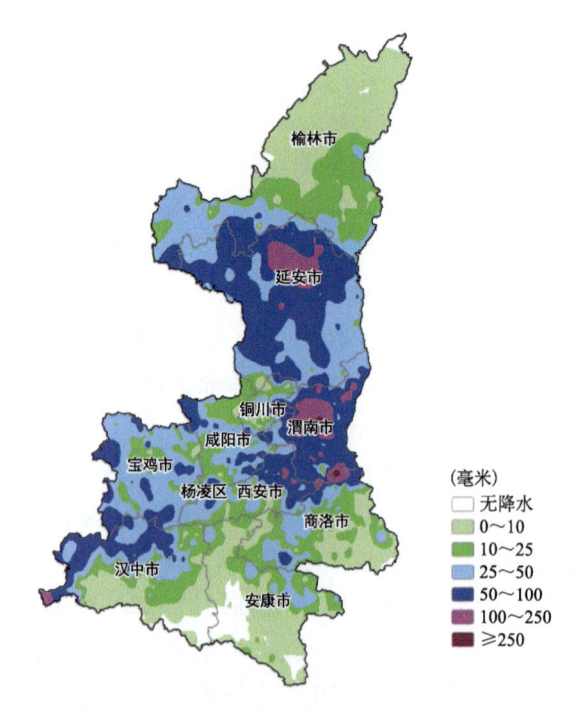

图2 7月14日00时至16日11时陕西省累积降水量

二、6月以来陕西旱情演变及两次降水对旱情的缓解评估

(1)高温及干旱发展演变情况。陕西旱情从5月出现延续至7月10日,期间虽有降雨过程,但由于分布不均,局地降雨量级小,导致旱情此起彼伏、局地发展升级。5月下旬起陕北大部、陕南东部、关中部分地区出现轻到中度干旱,榆林、商洛、关中局地出现严重干旱。

6月13日至7月10日,陕西省高温持续,全省平均气温26.4 ℃,较常年同期偏高2.4 ℃;全省≥35 ℃高温日数共计1214站·日,较常年同期偏多841站·日;高温日数累计8天以上站点67个,主要分布在陕北东部局地、关中和陕南大部(图3);全省平均降水量54.6毫米,较常年同期偏少35.8毫米,偏少近四成。

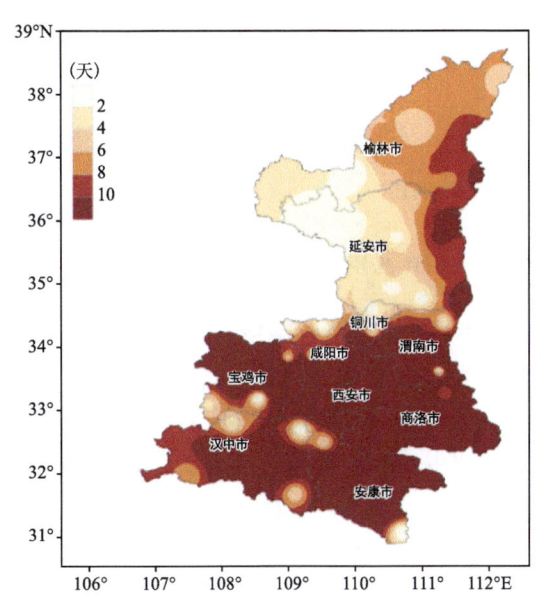

图3 6月13日至7月10日陕西高温日数分布

6月21日旱情高峰时,西安、咸阳、铜川、渭南、延安、榆林、安康、商洛8市41个区县42.5万公顷农田受旱,农作物受灾4.2万公顷,成灾1.9万公顷,绝收0.1万公顷。6月21日至22日、25—27日两次降水过程对陕西旱情稍有缓解,商洛旱情解除,但陕北、关中由于降水不足,旱情发展蔓延升级。

7月2日,陕西省总受旱面积26.2万公顷(轻旱11.4万公顷,中旱8.7万公顷,重旱6.1万公顷)。其中,榆林市受旱20.3万公顷,主要涉及定边、横山、神木、府谷、吴堡、清涧、子洲7区县。渭南市受旱2.7万公顷,涉及白水、蒲城、澄城、临渭、潼关、富平6个区县。咸阳市受旱2.0万公顷,涉及三原、泾阳、武功3个区县。延安市受旱1.1万公顷,涉及延川、甘泉、延长、宜川4个区县。部分旱地夏玉米和春玉米受旱,夏玉米缺苗断垄严重。全省旱灾直接经济损失2.34亿元。

7月12日,陕西省总受旱面积8.6万公顷,其中,轻旱6.2万公顷,中旱1.4万公顷,重旱1.0万公顷。旱情涉及渭南、西安、安康、咸阳4市。其中,渭南市受旱2.8万公顷,西安

市受旱2.7万公顷,安康市受旱2.6万公顷,咸阳市受旱0.4万公顷。全省总受旱面积占在田作物面积不足10%。省防总于7月13日12时解除省级Ⅳ级抗旱应急响应。截至目前陕北旱情全部解除,关中、陕南有局地旱情。

据陕西省农业农村厅和省防汛抗旱指挥部办公室了解,7月7日与6月28日监测结果相比:(0~20厘米)土壤相对含水量渭北、关中、陕南分别下降1.3个、2.5个和14.9个百分点,陕北上升13.2个百分点;(20~40厘米)土壤相对含水量渭北、陕南分别下降5.4个和10.7个百分点,关中、陕北分别上升0.9个和9.4个百分点(来源于陕西省农业农村厅网站)(图4)。

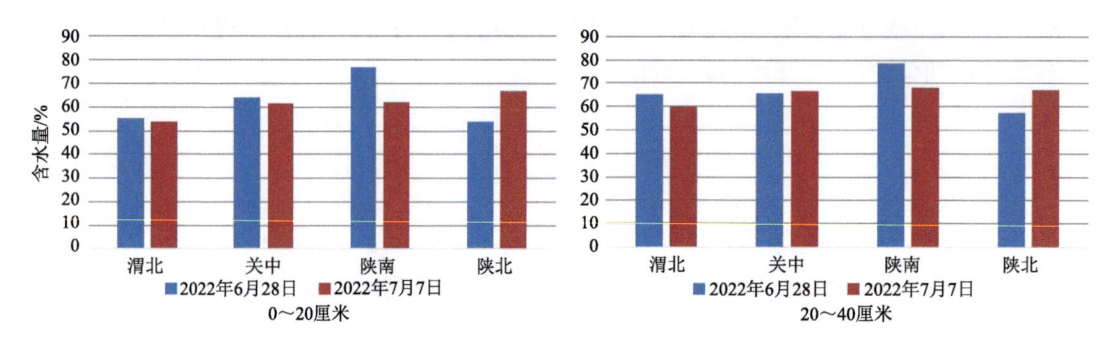

图4 6月28日与7月7日陕西各区域20厘米、40厘米平均土壤相对含水量对比图

(2)7月11—13日降水对陕西省干旱缓解情况。据7月14日CLDAS土壤相对湿度、陕西省土壤相对湿度监测综合显示:全省大部地区土壤墒情开始好转,其中,陕北大部、关中西部和南部、陕南西北和西南部土壤相对湿度在60%以上,墒情适宜;咸阳南部、西安大部、汉中东部、安康大部、商洛西部土壤相对湿度在40%~59%。据7月14日CI气象干旱显示,延安南部、渭南大部、汉中东部、安康大部有轻度气象干旱,咸阳南部、西安大部、汉中东部、安康大部、商洛局地有中到重度气象干旱(图5)。

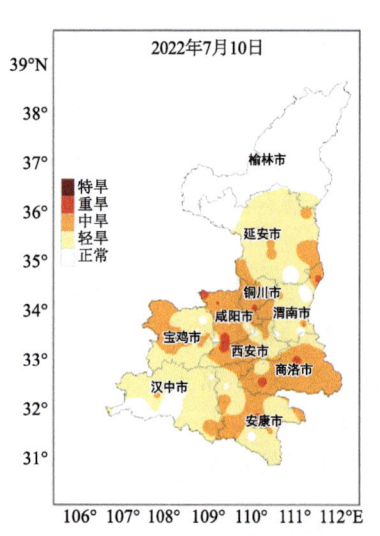

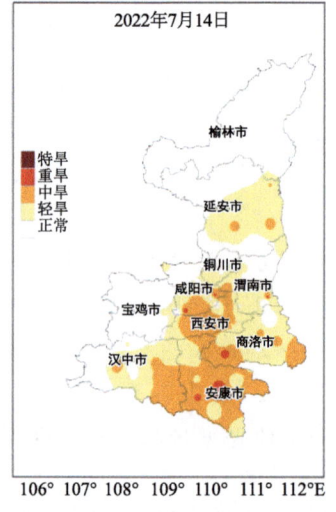

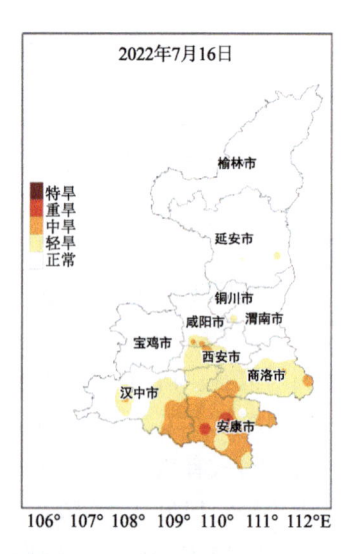

图5 陕西省7月10日、14日和16日综合气象干旱指数分布

(3)7月14—16日降水对陕西省干旱缓解情况。据7月16日CLDAS土壤相对湿度、陕西省土壤相对湿度监测综合显示,相较于7月14日,咸阳南部、西安南部、汉中东部、商洛西部土壤墒情达60%以上;咸阳局地、西安北部局地、安康中部土壤墒情为40%～59%。据7月16日CI气象干旱显示,陕北、关中大部气象干旱已得到解除,西安中西部、商洛大部、安康北部和东部、汉中中部有轻度气象干旱,安康大部、汉中东部有中度气象干旱,安康中部局地重度气象干旱(图5)。

三、水资源增加情况

(1)自然和人工降水有效增加了陕西水库蓄水量。受6月以来高温干旱影响,导致陕西省水库水位严重下降,截至6月27日,全省13座大型水库蓄水总量23.79亿米³,较去年同期减少9.5亿米³,其中,西安黑河金盆水库蓄水9200万米³,较去年同期减少42.7%,榆林王圪堵水库、延安南沟门水库蓄水较去年同期减少约10%。全省中小型水库蓄水情况平均较去年同期减少约20%,林皋、零河、金鸡沙、李家梁4座水库低于旱警水位,20座水库接近旱警水位。

两次强降水后陕西主要水库水位均有不同程度的增加,以榆林红石峡水库、西安石砭峪水库、汉中石门水库水位变化为例,强降水过后,上述各水库水位较前期增加了1～5米(图6)。

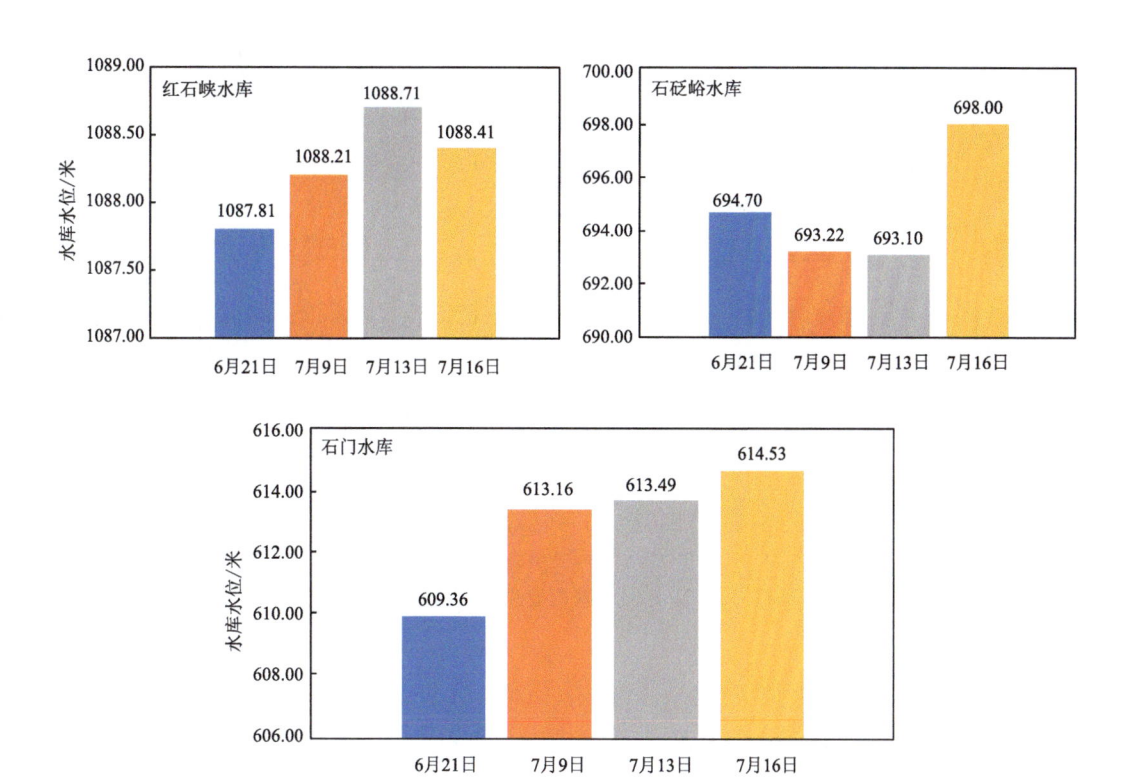

图6 6月21日以来红石峡水库、石砭峪水库、石门水库水位变化

(2)强降水致陕西多条河流水位上涨。强降水后陕西主要河流水位都有不同程度的上涨,强降水区域部分江河水位上涨 0.5～2 米,陕北部分河流最大上涨 7.36 米(图 7);但由于降水强度大,陕西多处出现汛情。造成陕西黄河干流龙门段、延河、北洛河、泾河和渭河支流出现警戒流量以下的涨水过程,省境内共有 11 条河流 14 个站出现洪峰 21 次,嘉陵江凤州站出现超警洪峰 330 米^3/秒(警戒 300 米^3/秒)。

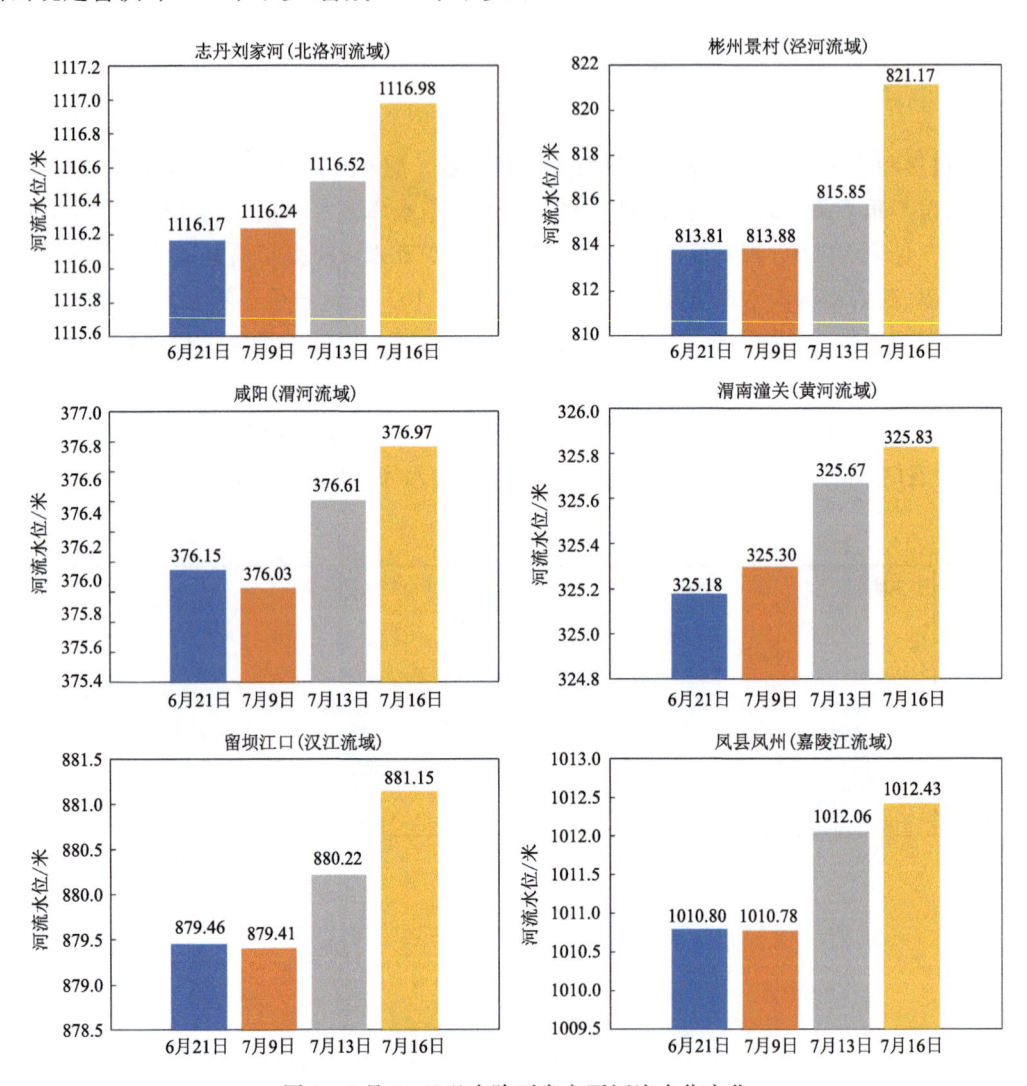

图 7　6 月 21 日以来陕西省主要河流水位变化

四、小结

陕西是全国水资源最紧缺的省份之一,人均占有量仅占全国平均水平的 54%,且水资源分布严重不均,65% 集中在 7 月和 8 月,71% 集中在陕南,使得关中、陕北的水资源更加紧缺。因此,建议如下:

（1）充分发挥强降水趋利作用。汛期在做好防汛救灾、确保人民生命财产安全的前提下，充分利用好强降水的趋利作用，防止和减少水分流失，把余缺调剂、纳雨和保墒结合起来，提高空中水资源的综合利用效率至关重要。

（2）充分挖掘空中水资源。实践证明，人工增雨在有效增加降水方面的作用是确定和明显的。陕西因跨越三个气候带，降水时空分布严重不均，旱涝并存、旱涝交替普遍存在。因此，在汛期也应积极开展分区域、分时段、有针对性地精细化人工增雨作业，不断满足工农业生产、水源涵养、生态保护的需求。

（3）提高水资源管理和开发服务能力。开展流域及大型水库汇水区降水时空变化特征的监测诊断，综合利用水文气象和遥感监测资料，开展流域或水库汇水区空中云水资源分析评估。研发基于全流域高分辨率数值预报模式的智能化水库防洪、航运、发电等产品，为流域水库调度精细化、针对性服务提供标准化的技术、平台和产品支撑，推进水库调度气象服务业务的规模化、集约化发展。

2022年
全国优秀决策气象服务
材料汇编

第四篇

农业气象决策服务

近期气象条件对夏收夏种农业生产的影响

杨艳平　裴育　杨梅红

(山西省长治市气象局　2022年6月7日)

摘要:2022年3月以来,长治市降水偏少,时空分布不均;气温先高后低,总体偏高,阶段性变化明显,呈现出不同往年的气候特点。5月末和6月初长治市出现了轻到中度的干热风天气,部分地区出现轻到中度干旱,对正处于灌浆期的冬小麦和其他农作物生长发育不利,因此,长治市委市政府领导及农业部门对6月天气极为关注。为此,长治市气象局及时为长治决策部门提供了《近期气象条件对夏收夏种农业生产的影响》的决策服务材料,成为地方政府领导及农业部门部署农业生产的重要参考依据。

一、前期气候概况

3月以来(3月1日至6月6日)长治市主要气候特征为:降水偏少、气温偏高、光照偏少。

(一)降水时空分布不均匀

全市平均降水量为83.2毫米,比常年同期(96.7毫米)偏少14.7%。全市各区县降水量介于57.1~129.4毫米,与常年同期平均值相比,除上党区偏多21.9毫米外,其余区县偏少4.2~30.0毫米(图1)。其中,3月降水异常偏多,4月降水略偏少,5月降水偏少。

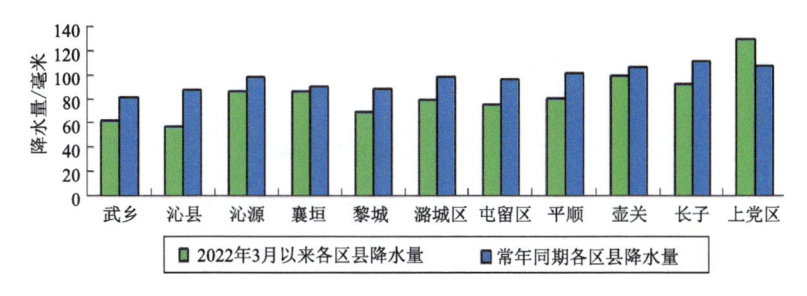

图1　2022年3月以来长治市各区县降水量与常年同期降水量比较

(二)气温先高后低,总体偏高

全市平均气温12.9℃,比常年同期(11.9℃)偏高1.0℃(图2)。其中,3月平均气温特高,4月平均气温略偏高,5月平均气温偏低。在5月末和6月初全市出现了轻到中度的干热风天气,长治气象台及时发布干热风预报,提醒关注干热风对处于灌浆期小麦的不利影响。

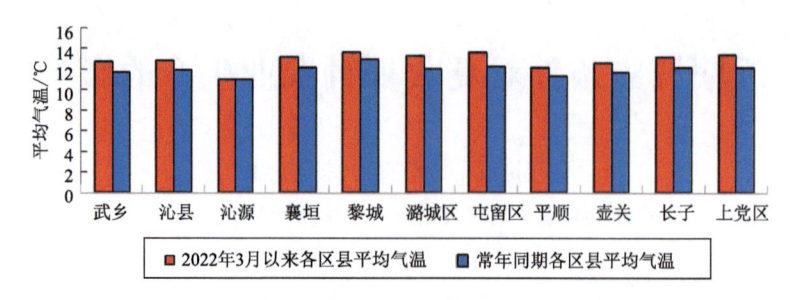

图 2　3月以来长治市各区县平均温度与常年同期平均温度比较

二、最新土壤墒情实况

据 6 月 6 日测墒结果显示,全市部分地区出现轻到中度干旱。0~20 厘米土壤层:潞城区土壤相对湿度在 40%~50%,处于中度干旱状态;武乡、长子、襄垣、平顺、壶关土壤相对湿度在 50%~60%,处于轻微干旱状态;其余区县土壤墒情适宜。20~50 厘米土壤层:沁县、屯留区、上党区土壤相对湿度在 90%以上,处于过湿状态;其余区县土壤墒情适宜(图 3)。

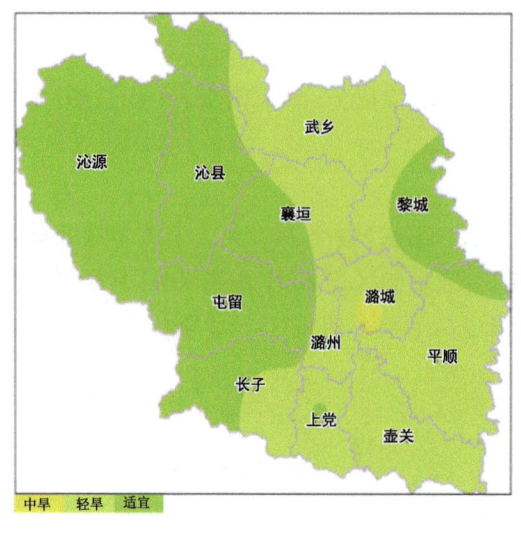

图 3　6 月 6 日长治市各区县土壤墒情实况

三、前期气象条件对农作物长势影响评估

(1)冬小麦。截至目前,全市麦区大部冬小麦处于灌浆乳熟期,发育进程接近常年同期。2021 年秋季全市降水异常偏多,冬小麦播种明显推迟,冬前分蘖不足;播种以来热量条件良好,平均气温较常年同期偏高,光照正常,土壤墒情适宜,气象条件利于冬小麦生长发育和产量形成。冬前气温较常年同期偏高 1~2 ℃,进入越冬的时间偏晚,冬小麦生长时间延长,一定程度上弥补了晚播造成的生长量不足。越冬期无明显冻害发生,降水有利于农田增墒,冬小麦安全越冬。小麦返青至抽穗开花期,气温较常年略偏高,光照正常偏多,未出现明显霜

冻害,大部土壤墒情适宜,冬小麦苗情长势好于预期。灌浆前期气温略偏低,利于籽粒灌浆、提高粒重;灌浆后期光热充足,利于灌浆乳熟;5月末,部分地区出现干热风天气,但大部小麦已进入灌浆后期,总体影响较小。

(2)玉米。目前全市玉米处于七叶—拔节期,发育期接近常年同期。玉米播种以来,平均气温较常年偏高1 ℃,日照接近常年,大部土壤墒情良好,利于玉米播种出苗和幼苗生长。

四、未来气候趋势预测(6月7—30日)

预计未来10天(2022年6月7—16日),降水偏少,气温偏高。具体预报如下:

6月7日,晴天间多云,局地有阵雨或雷阵雨,3~4级偏南风,最低气温:11~16 ℃,最高气温:27~31 ℃。

6月8日,晴天转多云有阵雨或雷阵雨,3~4级东南风,最低气温:12~15 ℃,最高气温:30~33 ℃。

6月9日,多云,局地有阵雨或雷阵雨,2~3级西南风,最低气温:16~18 ℃,最高气温:28~32 ℃。

6月10日,晴天间多云,2~3级偏南风,最低气温:10~15 ℃,最高气温:28~33 ℃。

6月11日,多云转阴天有阵雨或雷阵雨,3~4级偏南风,最低气温:11~17 ℃,最高气温:29~32 ℃。

6月12日,多云,有阵雨或雷阵雨,2~3级偏南风,最低气温:10~16 ℃,最高气温:26~29 ℃。

6月13日,晴天间多云,3~4级西北风,最低气温:10~15 ℃,最高气温:29~32 ℃。

6月14日,晴天间多云,有阵雨或雷阵雨,2~3级西北风,最低气温:10~15 ℃,最高气温:28~29 ℃。

6月15日,晴天间多云,2~3级西北风,最低气温:11~16 ℃,最高气温:27~29 ℃。

6月16日,晴天间多云,2~3级偏南风,最低气温:10~17 ℃,最高气温:30~33 ℃。

延伸期气候预测(6月17—30日):预计6月17—30日,降水偏少,气温偏高。全市多分散性阵雨或雷阵雨天气。

五、农业影响预估及建议

(1)小麦目前长势较好,后期注意田间管理。6月,全市大部气温偏高,降水接近常年略偏少,良好的光热条件利于冬小麦后期灌浆和成熟收晒。

建议麦区继续加强麦田后期管理,根据小麦灌浆程度和天气条件,适时进行"一喷三防",促进冬小麦充分灌浆。做好农机调度,抢晴收晒已成熟小麦;收获后注意通风存放,以防霉变,确保颗粒归仓。

(2)加强玉米水肥管理,夏播注意抢墒造墒。由于降水偏少,部分地区土壤墒情可能持续下降,影响春玉米幼苗生长和夏玉米播种出苗。建议加强春玉米水肥管理、确保稳健生长;要密切关注夏玉米产区天气和墒情变化,抢墒或造墒,适时播种,确保夏播作物顺利播种出苗。

(3)注意防范干旱。目前,全市部分地区0～20厘米土壤层出现了轻到中度旱情,预计6月降水偏少、气温偏高,部分地区可能出现夏旱,需防范气象干旱的发生发展对全市夏收夏种的不利影响。

(4)关注阶段性高温和局地强对流天气。全市可能出现阶段性高温天气过程,需防范高温对农业生产的不利影响。同时,夏季强对流天气频繁,田间作业注意避开强降水和雷暴大风时段,确保人员安全。

后期低温持续，促熟防灾保丰收

王冬妮[1]　袁福香[1]　程红军[2]　孙妍[3]　王美玉[1]　刘子琪[3]

(1. 吉林省气象科学研究所；2. 吉林省气候中心；3. 吉林省气象台　2022年9月1日)

摘要：春播以来气温稍低、积温略少，降水明显偏多，日照偏少。主要粮食作物产量形成关键期水热匹配，但降水异常偏多，吉林省各地发生了不同程度内涝灾害，前期(5—8月)农业气象条件对农作物生长发育影响利弊相当。9月发生旱、涝、大范围大风倒伏的可能性小，但积温不足，发生延迟型冷害和早霜冻的风险较大。建议：加强后期田间管理，促熟防病保丰收；做好各类气象灾害防御，减轻灾害损失。

一、前期(5月1日至8月31日)气候概况

(一)气温稍低，阶段变化明显

全省平均气温19.5 ℃，比常年低0.3 ℃，比去年低0.5 ℃。5月1日至6月17日多低温时段，期间全省平均气温15.6 ℃，比常年低0.8 ℃。6月18日至8月6日气温以偏高为主，全省平均气温23.3 ℃，比常年高0.9 ℃。8月7—31日气温偏低，全省平均气温19.3 ℃，比常年低1.8 ℃。

(二)积温偏少，8月中旬积温逐渐少于常年

全省平均积温2398 ℃·日，比常年少39 ℃·日。其中，白城市、松原市、四平市和长春市2514~2558 ℃·日，辽源市、吉林市和通化市2354~2409 ℃·日，白山市和延边州2158~2218 ℃·日。辽源市比常年少65 ℃·日，延边州比常年少21 ℃·日，其他地市比常年少27~58 ℃·日。截至8月12日，全省平均积温接近常年，之后积温逐渐少于常年。

(三)降水明显偏多，汛期降水频繁

全省平均降水量595.3毫米，比常年偏多34%，其中，四平市和辽源市分别比常年偏多75%和62%，松原市和白山市分别比常年偏多53%和40%，延边州比常年偏多11%，其他地市比常年偏多23%~36%。7月下旬开始，降水情况接近常年水平，目前全省大部土壤湿度多处于适宜范围。

(四)日照明显偏少，阶段变化明显

全省平均日照时数791.4小时，比常年偏少96.7小时。5月下旬至7月中旬，旬日照时数较常年偏少9.8~29.1小时，其他时段接近常年或偏多。

二、农业气象条件影响分析

春播以来气温稍低、积温偏少，降水明显偏多，日照偏少。旱田作物生长发育期间水分

充足,5月至6月中旬低温、寡照叠加,造成旱田作物苗期生长延迟,但6月下旬至8月上旬气温偏高,玉米拔节、抽雄及大豆分枝、开花顺利,生长延迟的不利影响基本得到补偿。水稻分蘖期因低温寡照影响,有效分蘖数偏少,但孕穗及抽穗扬花期温度正常偏高,穗粒数及结实率好于常年。8月中旬至8月下旬气温明显偏低,水旱田作物灌浆速度减缓。

据中国农业气象模式(CAMM2.0)玉米模型模拟分析,全省大部玉米气候适宜度为适宜和较适宜,四平市、辽源市和延边州部分区域不适宜;预计玉米单产比去年增加2.4%。

2022年主要粮食作物产量形成关键期(玉米拔节—抽雄吐丝期、水稻孕穗—开花授粉期、大豆分枝—开花结荚期)水热匹配,灌浆期低温造成农作物灌浆速度减缓,发生延迟型低温冷害风险加大。另外,2022年降水异常偏多,吉林省各地发生了不同程度内涝灾害,也将造成一定的产量损失。综合来看,2022年前期农业气象条件对农作物生长发育影响利弊相当。

三、9月天气气候预测及影响分析

预计9月上旬全省平均气温为17 ℃左右,比常年同期17.8 ℃稍低,白城市、松原市、长春市和四平市为17.5 ℃左右,白山市为15.5 ℃左右,其他市州为16.9 ℃左右。全省平均降水量为12.0毫米左右,比常年同期27.1毫米偏少。主要天气过程:1日,东北部有分布不均的阵雨或雷阵雨;4—5日西部和东部有中雨,局部大雷阵雨,其他地区有阵雨或雷阵雨;6—7日,北部和东部有阵雨或雷阵雨。

预计9月全省平均气温为14~15 ℃,比常年同期(15.4 ℃)略低,全省平均降水量为45~55毫米,比常年同期(56.1毫米)略少,平均日照时数为220~230小时,比常年同期(220.8小时)略多。暂不考虑台风、大风对吉林省的影响。预计初霜(最低0厘米地温≤0 ℃初日)出现在9月末到10月初,中西部比常年同期略晚1~3天,其他地区晚3~5天。

灌浆下限气温在15~17 ℃。未来一旬气温稍低,但各地平均气温仍在灌浆下限温度以上,中西部粮食主产区平均气温高于下限温度。未来一旬降水偏少,但农作物灌浆后期水分需求下降,水分条件能满足灌浆需求。9月气温略低、降水略多、光照略多,温光水条件基本满足后期灌浆需求,发生旱、涝、大范围大风倒伏的可能性小,但积温不足,发生延迟型冷害和早霜冻的风险较大。

四、农业生产建议

(1)加强后期田间管理,促熟防病保丰收。气温持续偏低造成农作物灌浆进度偏慢,各地要充分利用晴好天气,采取有效促熟措施,加快农作物灌浆速度,提高成熟度,确保正常成熟。当前仍是农作物病虫害高发期,各地继续做好病虫害的监测防治工作。

(2)做好各类气象灾害防御,减轻灾害损失。9月冷空气活动频繁,贪青晚熟地块以及北部和东部山区应注意防霜。未来一旬局地有大雷阵雨,易产生洪涝和内涝灾害,建议疏通农田沟渠,保证农田排水畅通。虽暂不考虑大风和台风的影响,但农作物后期抗倒伏性差,应需预防作物倒伏。

河南省小麦生产后期农业气象灾害风险分析及对策建议

张弘　郭康军　张溪荷　史恒斌　姬兴杰

（河南省气象科学研究所　2022年4月28日）

摘要： 受去年洪涝影响，河南省小麦晚播面积大，气象部门利用风云三号等多源卫星数据，精细识别晚播区域，严密监视天气气候变化，联合省农业农村厅，首次制作发布农业气象灾害风险预警，力促苗情转化升级。目前河南省小麦长势已接近去年，明显好于近5年同期；近6成小麦已进入灌浆期；已顺利度过拔节期干旱、孕穗期"倒春寒"、扬花期赤霉病三个关口。预计小麦适宜收获期在5月27日至6月15日，大部地区接近常年，豫北地区略偏晚。小麦生产后期天气仍有较大不确定性，需重点关注豫中、豫东和豫西麦区旱情发展，中北部麦区灌浆期干热风，豫南麦区条锈病和收获期烂场雨，做好防范应对。

一、小麦后期天气气候趋势预测

预计5月上旬，全省平均气温较常年同期略偏低，降水量较常年同期偏少。5月中旬至6月上旬，全省降水略偏少，气温接近常年；5月中旬气温偏低0~1℃、下旬偏高0~2℃。主要天气过程有5次：5月9—10日有一次全省性降水过程，大部有中雨，部分地区有大雨；14日，京广线以西大部有小—中雨；17—18日，全省大部有小—中雨，豫南有中雨；21—22日，全省大部有小雨，豫北和豫南有中雨；6月6—7日，全省大部有小—中雨。

二、当前小麦苗情墒情及适宜收获期预报

（一）当前苗情墒情

立春以来，小麦主产区墒情足、气温高。返青后气温回升快、波动大，出现了阶段性干旱和低温天气，但对小麦生长影响有限，苗情明显好于预期。最新多源卫星遥感监测显示，当前小麦长势已接近去年，明显好于近5年同期；墒情适宜比例55%、偏湿比例16%、缺墒比例29%，缺墒区域主要分布在济源、三门峡、洛阳、许昌、周口、商丘、安阳等地。

（二）小麦适宜收获期预报

目前河南省近6成小麦已进入灌浆期，结合小麦当前卫星监测长势、后期气象条件预报等，预计今年小麦适宜收获期在5月27日至6月15日，大部地区接近常年，豫北地区略偏晚（图1）。其中，南阳、信阳、驻马店、平顶山适宜收获期在5月27日至6月5日，许昌、郑州、漯河、洛阳、三门峡适宜收获期在5月28日至6月5日；周口、商丘、开封适宜收获期在6月1—7日；焦作、济源、新乡适宜收获期在6月3—10日；鹤壁、安阳、濮阳适宜收获期在6

月6—15日。

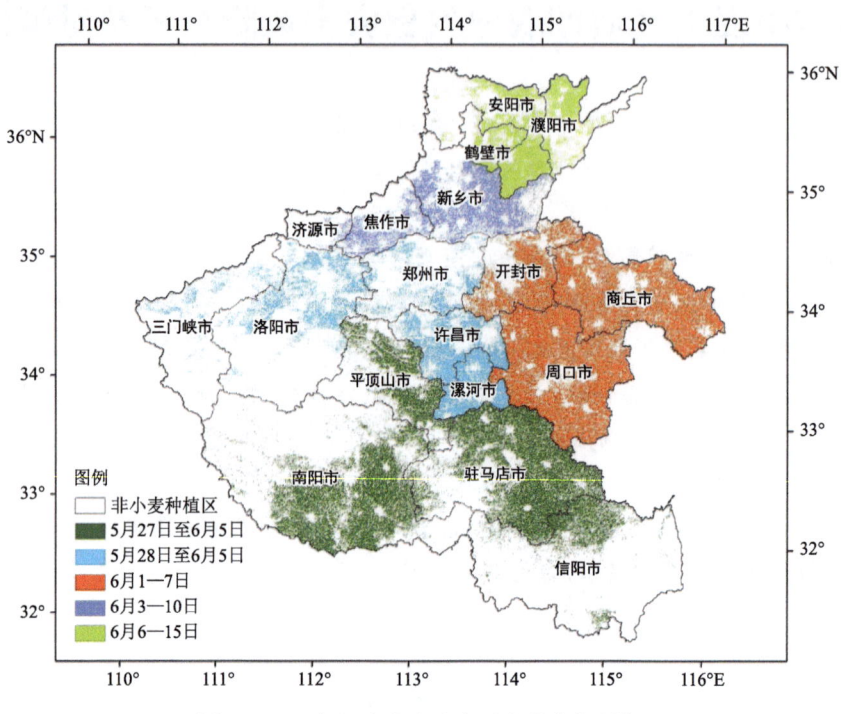

图1 2022年河南省冬小麦适宜收获期预报

三、小麦生产后期关注重点及对策建议

依据气象预报，农业农村部门提前安排部署，河南省小麦生产已顺利度过拔节期干旱、孕穗期"倒春寒"、扬花期赤霉病三个关口。预计后期天气条件对河南省小麦成熟收获总体有利，但未来天气仍有较大不确定性，小麦丰产丰收还将面临区域性干旱、灌浆期干热风、成熟期"烂场雨"等风险（图2）。

（一）豫中、豫东和豫西麦区需关注旱情发展

当前全省77个自动土壤水分监测站（占比29%）0～50厘米墒情不足，主要分布在济源、三门峡、洛阳、许昌、周口、商丘、安阳等地，气象干旱露头。虽然24—25日、28日河南省出现了大范围的降水过程，前期干旱有所缓和，但据气象资料综合分析，预计未来10天全省无有效降水，旱情彻底缓解较为不易，仍需关注上述地区旱情发展，做好应对部署工作。

对策建议：小麦抽穗—灌浆阶段需水量大，干旱会直接导致穗粒数和千粒重下降，因此，旱象明显地区要密切关注墒情变化，切勿盲目等雨，积极开展抗旱浇麦，对豫西没有浇水条件的麦田，要综合运用农艺措施，缓解干旱影响。

（二）河南省中北部麦区需关注灌浆期干热风

预计5月下旬至6月上旬全省降水偏少，气温偏高，河南省黄河以北大部、豫中和豫东局部出现干热风风险较高，上述地区需提前做好防范。

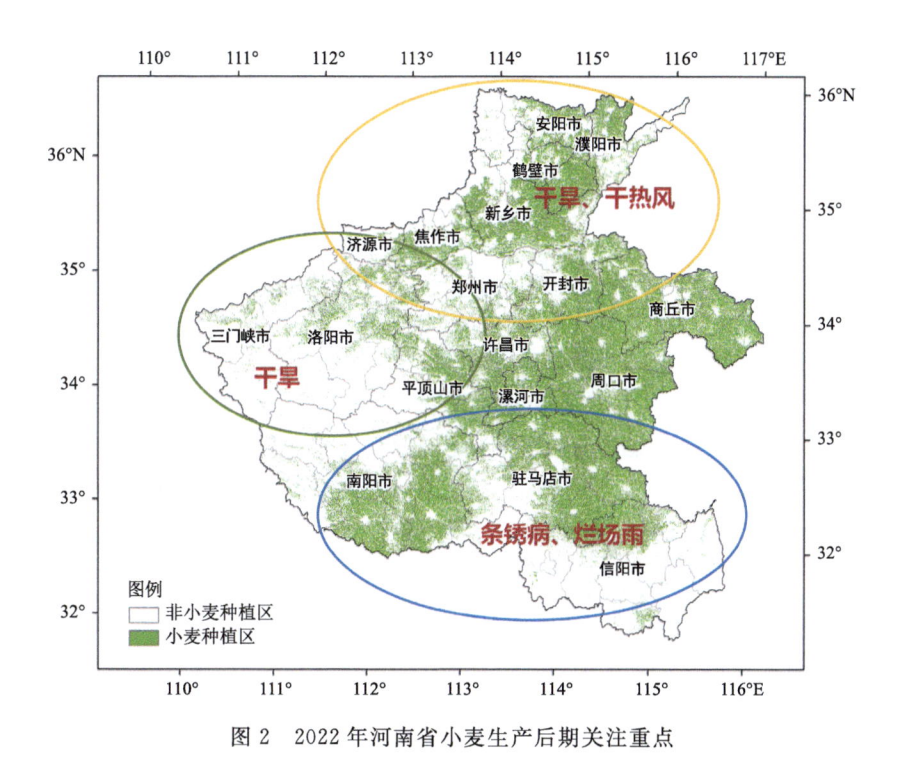

图 2　2022 年河南省小麦生产后期关注重点

对策建议：农业农村部门及时关注干热风灾害预警，指导开展"一喷三防"，达到防病虫害、防干热风、防早衰的效果，增加粒重，促进小麦增产增收。

（三）豫南麦区需关注条锈病和收获期烂场雨

近期豫南麦区降水量较大，田间温湿度利于小麦条锈病发生发展，需做好监测与防治。预计 5 月中下旬豫南麦区仍有降水过程，可能会造成小麦倒伏和土壤偏湿，对小麦适时收获不利。

对策建议：豫南麦区应抢抓有利天气，及时开展抢收、抢晒；全省其他地区也应密切关注天气变化，防范局地强降水过程对小麦机收和晾晒带来的不利影响；农机部门密切关注麦收期天气预报预警信息，合理安排干燥机和农机调度。

四、近期小麦生产气象服务情况

（1）联合开展农业气象灾害风险预警，为灾害防范留足提前量。河南省气象局党组高度重视，全面贯彻落实习近平总书记关于确保粮食安全重要讲话重要指示精神，按照省委农村工作会议等部署安排，多次召开农业生产气象服务专题会，与省农业农村厅联合印发《河南省农业气象灾害风险预警工作方案》，围绕 2022 年小麦生产的"五个关口"，利用气象大数据、多源卫星资料，动态监测墒情、苗情，实现小麦生产气象服务一张图，递进式开展小麦赤霉病等气象风险预警。

（2）开展分区域、分时段、分灾种的精细小麦生产气象服务，科学服务农事活动开展。充分发挥高标准农田气象保障工程建设效益，与水利、农业、应急等部门联合印发科学抗旱春管夺夏粮丰收预案、小麦跨区机收免费短信服务方案等；完成全省及 18 个地市、产粮大县小麦晚播区域精细识别，利用电视天气预报等气象融媒体矩阵开展跟进服务。提能力、转作风，与省科协联合在兰考启动全省气象科普进乡村活动，中央电视台、新华社等媒体报道了多名农气专家深入田间地头服务，开展农业气象灾害防御技术培训等，推进"千乡万村"气象科普行。

（3）适时开展人工增雨防雹作业，最大限度降低小麦灾害风险和损失。制定实施人工影响天气保障粮食安全作业计划，结合小麦旱情、冰雹灾害防御、病虫害防控等需求，组织开展大范围多轮次的人工增雨防雹作业，降低了小麦产量损失。

针对小麦生产后期的天气气候趋势预测情况，气象部门将继续严密监视天气气候变化，将气象的趋势性、阶段性和局地性有机结合，递进式开展农业气象预报预警服务。密切关注干热风、烂场雨等农业气象灾害，进一步发挥农业气象灾害风险预警在小麦生产防灾减灾中的作用，确保今年小麦颗粒归仓，全年粮食稳产丰产。

未来15天高温与干旱叠加，对果品产量和品质将产生不利影响

张蓓　姚小英

(甘肃省天水市气象局　2022年7月1日)

摘要：5月以来气温偏高、降水偏少，渭北3县出现气象干旱。预计7月仍将维持高温少雨形势，7月1—15日，最高气温大部分在34～38 ℃，基本无降水；高温干旱对正处于果实膨大期的苹果和转色中后期的花椒，将产生极为不利影响，需做好果园抗旱管理。

一、前期气候概况

（一）气温偏高，高温持续时间长

5—6月平均气温为17.0～20.4 ℃，与常年同期相比，秦州、清水正常，其余各地偏高0.7～1.3 ℃。河谷及渭北地区日最高气温≥30 ℃日数达13～24天，其中，6月12—19日甘谷、秦安、秦州、麦积日最高气温连续8天高于30 ℃，28—30日甘谷日最高气温连续3天高于35 ℃，6月极端最高气温甘谷(36.7 ℃)、武山(34.8 ℃)突破同期历史极值。

（二）降水偏少，渭北无有效降水日数超过30天

5—6月降水量为53.1～148.9毫米，与常年同期相比，甘谷、秦安、武山偏少5～6成，麦积偏少3成，其余各地正常。渭北地区(武山县、甘谷县、秦安县)连续6旬降水偏少，最长连续无有效降水日数达30～33天。

二、果园生长状况

（一）果园土壤墒情

7月1日土壤墒情自动监测结果表明：①0～30厘米，渭北地区果园土壤相对湿度在40%以下，达到重旱；河谷地区(秦州区和麦积区)果园土壤相对湿度在50%～60%，为轻旱；关山区域(清水县和张家川县)的果园墒情基本适宜，土壤相对湿度大于60%(图1)；②50～80厘米，果园土壤相对湿度均在60%以上，深层土壤墒情适宜。

（二）果园气象环境

据南山苹果基地果林环境监测资料表明：6月果园最高气温为33.7 ℃，叶面最高温度为34.1 ℃，降水量为53.4毫米，日均光合有效辐射为1446微摩尔/(米^2·秒)。与常年同期相比，光温环境要素值偏高。

河谷地区(秦州区关子镇果园)　　　渭北地区(秦安县西川镇果园)

图1　部分地段果园土壤墒情

(三)苹果和花椒受灾情况

目前,全市8.3万公顷苹果处于果实膨大期;3.3万公顷花椒处于果实膨大和着色期,也是第二生长高峰期。

据实地调查,秦安县、甘谷县、麦积区北部等区域的花椒普遍受旱,海拔1600米以下花椒受旱严重,1600米以上较轻。由于持续干旱和高温,花椒果实出现日灼病,果实偏小、椒粒发白(图2)。

图2　秦安县中山镇缑湾村花椒(高温干旱造成花椒变白,颗粒偏小)

苹果根系深,暂未显现出干旱的明显影响。但是,高温干旱致使近10天苹果单果重及横纵径增幅较上年减少,果实膨大速度减缓,部分果园果子下垂。

三、干旱发展趋势及影响

根据预测,7月降水偏少、温度偏高。1—15日,基本无降水,最高气温(以秦州为例)大部分位于34~38 ℃、最低气温18~23 ℃(图3)。高温干旱对苹果和花椒的产量和果实品质造成不利影响。

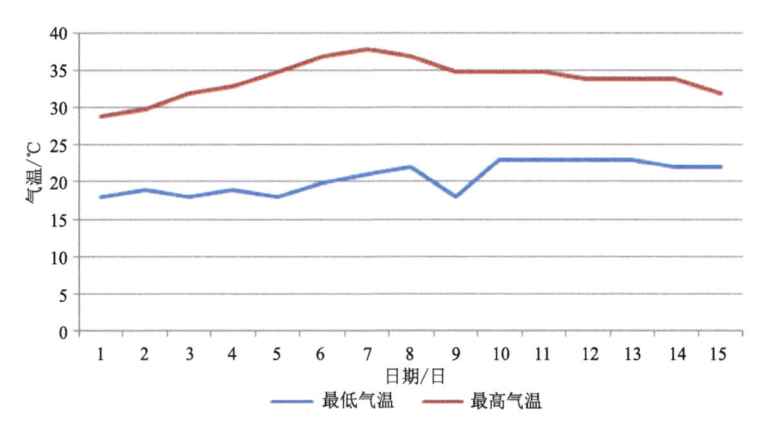

图3 秦州区7月1—15日最高气温和最低气温变化

苹果:7月苹果处于果实膨大期,持续高温干旱对产量品质不利,尤其会对套袋果实产生严重不良影响,导致日灼和形成"皮球果",使果实失去商品价值。高温干旱会使树体呼吸消耗增加,影响光合物质积累,造成果实膨大减慢、着色不良;同时抑制树体生长,导致树势变弱,病虫危害加重。

花椒:正处在果实膨大和着色期,持续干旱会导致果实变小、皮薄、开裂、颜色不红,产量和品质都会受到影响,严重时会引起落果、落叶和整株死亡;极易引起叶螨、蚜虫等害虫泛滥。

四、应对措施

果园灌溉是减轻高温与干旱叠加效应的最有效措施。其次,也可实施树体喷水降温、果园株间覆盖、行间生草,以改善小气候环境。三是防棚园要揭棚通风或喷淋降温。具体措施如下:

(一)土壤抗旱措施

(1)灌水喷水。一般在早晚进行,以小水勤浇为主,切忌大水漫灌,有条件的可采用滴灌或喷灌,无水源的可穴贮肥水或袋装水慢渗。花椒可在每天傍晚树体喷水,增加果实色度,减少日灼。

(2)浅耙松土。对清耕制的果园进行地表浅耙,切断土壤水分蒸发通道,减少土壤水分蒸发。

(3)地面覆盖。果树行间或树盘地面用砂砾、秸秆或地膜覆盖,减少土壤水分蒸发;覆盖杂草可增加土壤有机质,提高土壤保墒能力。

(二)树体抗旱措施

(1)合理夏剪。尽量减少带叶修剪量,减少树体损伤,避免过多伤口,造成蒸腾作用。苹果要充分利用单轴延伸主枝背上的枝条及叶片遮荫,花椒要注意后期采摘时对树体的损伤。

(2)伤口保护。修剪平整已有伤口,涂抹封口剂或油漆,避免伤口失水。对采摘花椒造成的小伤口,可全园喷络氨铜、树安康、辛菌胺等药剂。

(3)药物抗旱。无浇水条件的果园,可叶面喷施蒸腾抑制剂、土施高分子聚合物土壤保水剂,减少蒸腾量,提高抗旱能力。

(三)病虫防治

高温干旱时节,病害发生相对较轻,但蚜虫、红蜘蛛等害虫会加重发生,应及时做好应对措施。

气象助力新疆棉花产量再创历史新高，
我国棉花生产提质增效更需趋利避害

李新建[1]　钱永兰[2]　姚艳丽[1]

（1. 新疆维吾尔自治区气象局；2. 国家气象中心　2022 年 9 月 7 日）

摘要： 近 60 年来新疆"暖湿化"现象显著，新疆棉区植棉气象条件显著变优，为新疆棉花稳产增产、连续 20 多年保持全国棉花产量和商品棉量第一提供了气候资源保障。2022 年新疆植棉气象条件十分有利，预计新疆棉花单产、总产和在全国占比将再创历史新高，但受 2021 年"新疆棉事件"、国际棉花价格大幅波动、巴基斯坦和印度暴雨洪水、美联储加息等因素影响，2022 年棉花收储和价格目标改革等仍将面临较大挑战。为进一步提高新疆棉花产量和品质，增强我国棉花国际市场竞争力，增加植棉效益，未来应基于全球气候变暖大背景，从国际视角出发，积极开展适应和应对气候变化的前瞻性工作，加强棉花气象监测和预警体系建设，支持开展棉花气候生态适宜性与棉花品质评估与精细化区划研究，进一步推进气候变化对棉花生产影响研究，启动世界主要产棉国棉花产量气象预报技术研究，为我国棉花生产和市场营销趋利避害、持续推进我国棉花产业高质量可持续发展和国家决策提供科学依据。

一、2022 年良好的气象条件将助力新疆棉花单、总产及在全国占比再创历史新高

目前来看，2022 年新疆棉花生产遇到了一个少有的良好气象条件。2022 年新疆大部棉区终霜期和 ≥10 ℃ 初日明显早于常年和 2021 年，棉花播种出苗期间无强冷空气活动，利于棉花的早播、全苗、齐苗。据棉花气象监测站点的资料，北疆棉花五真叶期保苗株数接近 2021 年，占新疆棉花产量比重较大的南疆棉区棉花保苗株数比 2021 年多 9915 株/公顷。播种后光照充足，热量条件异常偏好，大部棉区稳定 ≥10 ℃、≥15 ℃ 的积温比常年偏多 200～700 ℃·日，促使棉花生长发育进程加快，各发育期明显偏早，棉花开花盛期比常年提早 7 天以上；尽管生长期间局部大风、冰雹、暴雨洪涝等给棉花生产带来了一定灾害损失，花铃期日最高气温 ≥35 ℃ 的高温日数多于常年和 2021 年，棉花虫害略重于 2021 年，但气象灾害的影响总体明显轻于 2021 年同期，棉花长势仍明显好于 2021 年。据 8 月 15—16 日棉花气象监测站点监测结果显示，棉花桃数（伏前桃和伏桃之和）多于 2021 年和常年；其中，北疆棉区平均比 2021 年多 0.7 个，比常年多 1.0 个，南疆棉区平均比 2021 年多 0.2 个，比常年多 1.3 个。

另外，由于 2021 年棉花收购价格高，农民和团场农工种棉积极性高，投入较多，农技部门在南疆棉区推广"干播湿出""膜下滴灌机采棉"等新技术的面积进一步扩大等，也都为

2022年新疆棉花的增产奠定了基础。

预计新疆2022年棉花皮棉单产将达到2076千克/公顷,比2021年增加1.45%。按播种面积2540千公顷计算,2022年皮棉总产527.3万吨,比2021年增加2.82%。预计2022年新疆棉花产量将占到全国棉花总产量的90%以上。新疆棉花的单产、总产和全国占比都将达到历史最高。

二、新疆棉区气候的"暖湿化"为新疆近几十年棉花的发展和增产提供了较好的气候资源条件,促使我国棉花生产不断向新疆棉区集中转移,但高温热害和病虫害风险增加

根据《新疆区域气候变化评估报告:2020》,1961年以来,新疆地表增温显著,冬季升温明显,北疆升温速率最大。降水显著增加,夏季增加最明显,天山山区增速最大,但干湿大格局并未改变。相对湿度微增,风速显著减少。热量明显增加、无霜期延长,日照减少。强降水增多增强,天山山区暴雨量、暴雨日数增加明显,北疆暴风雪、暴雪日数、最大积雪深度增加明显。极端暖事件增多,极端冷事件减少。气象干旱日数减少,北疆大部及阿克苏、哈密等地减少明显。大风日数、沙尘暴日数明显减少。上述新疆气候的"暖湿化"现象,已对新疆棉花生产产生了显著影响,气象条件的变化总体对棉花生产更加有利。主要体现在:

(1)气候变暖使棉花生育期延长,利于具有无限生长习性的棉花产量提高。气候变暖对棉花发育期的影响表现为自播种至开花期多呈提早的趋势,而棉花裂铃之后的发育期则多呈推迟的趋势,从而致使棉花整个生育期延长,就平均状态而言,北疆棉区、阿克苏和巴州棉区、南疆西部棉区2011—2019年棉花全生育期比20世纪90年代分别延长4天、4天和10天,生长期的延长意味着能促进棉花多结铃和长大铃,为增产和稳产打下了基础。

(2)气候变暖导致热量资源增加,适宜植棉区范围扩大。新疆一般以≥10℃积温大于3190℃·日作为适宜棉花种植的北界。在气候变暖的背景下,近20年来新疆棉花适宜种植北界的纬度较20世纪80年代北移了1°~2°。如位于北疆北部准噶尔盆地西北边缘的新疆生产建设兵团第十师184团,从2001年开始连续大面积植棉成功,单产由2005年的3268.4千克/公顷增长到2008年的4572.7千克/公顷,增长39.9%,使棉花种植北界推移到46°23′N。另外,北疆适宜植棉区的海拔平均抬升了150~200米,使得新疆不宜气候植棉区的面积缩小了4%以上。

(3)生长季气候变暖促进了长生育期棉花品种的广泛种植。无霜期延长和有效积温的增加,使新疆棉花种植品种的熟性发生了改变,现在各棉区都种植了比以前生育期更长、产量更高的棉花品种。如20世纪80年代初在新疆北疆棉区种植的新陆早1号生育期不超过120天,现在种植的新陆早系列品种,生育期一般在125天左右。

(4)新疆棉花气候资源优越性提高促使全国棉花生产区不断向新疆棉区转移集中。从20世纪80年代新疆开始引进地膜技术栽培棉花,植棉技术的不断发展促进了棉花产量的不断提高和相对其他作物比较效益的提升,为我国棉花种植不断向新疆集中提供了基本动力。同时,气候变化引起的新疆棉区热量不断增加也使新疆植棉条件不断变优,为棉花增产增效

更加凸显,也在很大程度上加速推进了我国棉花种植不断向新疆棉区集中(图1)。

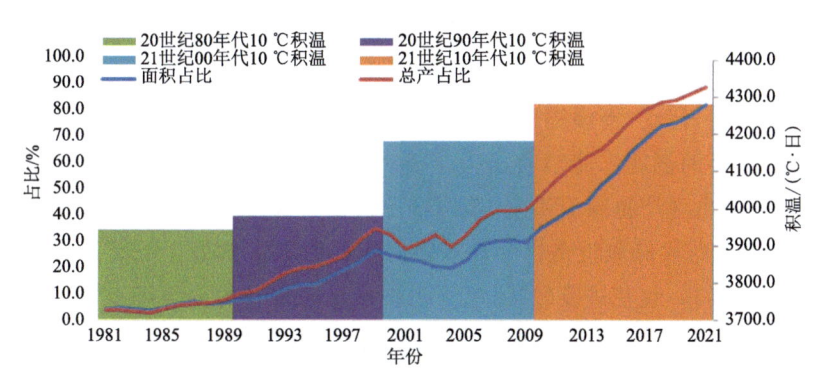

图 1　新疆棉花总产占比和不同年代≥10 ℃积温变化

(5)气温升高和夏季高温日数的增加,使得棉花虫害、高温热害发生加重和棉花需水量的增多。暖冬有利于棉花病虫安全越冬,这使翌年棉花病虫危害提前发生,发生程度与面积不断扩大。同时,热量增加促使病虫繁殖加快,危害期延长。

北疆棉区、阿克苏和巴州棉区、南疆西部棉区夏季高温日数均呈现增加的趋势,尤其北疆棉区、阿克苏和巴州棉区最为显著,高温天气的增加会导致棉花蕾铃脱落率增加,影响棉花产量和品质。

三、从国际视角开展研究,积极适应和应对全球气候变暖带来的影响,加大棉花生产和市场营销科技支撑力度,趋利避害,进一步提高新疆棉花产量、品质和种植效益

新疆气候"暖湿化"趋势为新疆棉花稳产增产提供了必要的气候条件,但在膜下滴灌机采棉栽培技术推广带来较大增产之后,近六七年新疆棉花增产的科技支撑未有大的突破,新疆棉花单产进入波动缓升的阶段(图2)。

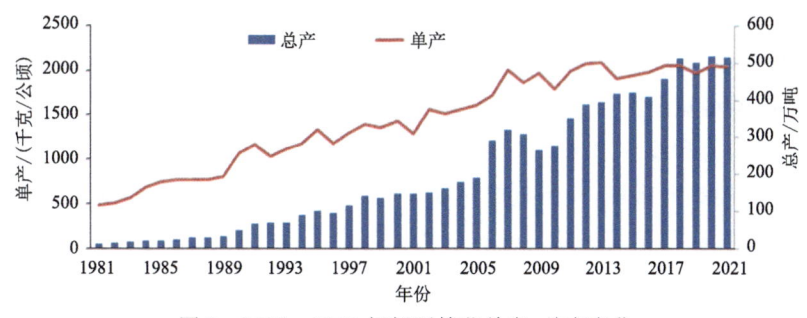

图 2　1981—2021 年新疆棉花单产、总产变化

另外,随着人们生活水平的不断提高,对高品质棉纺织品的需求增大,国内外市场对多类型、高品质棉纤维的需求越来越强劲;同时,受国际政治经济关系变化影响,我国棉花的国际市场环境变得更为复杂,也更具挑战性。因此,未来一段时间,应从国际视角开展新疆棉花研究,积极应对和适应全球气候变化带来的影响,加大棉花生产和市场营销科技支撑力

度,提高我国优良棉花种子自主保障能力,进一步提高新疆棉花纤维品质,增强新疆棉花国际市场竞争力,稳步提高植棉效益。具体建议如下:

(1)2022年新疆棉花丰收在望,做好新棉的收储和棉花目标价格改革迫在眉睫。2021年棉花收购价格很高,但受"新疆棉事件"和疫情持续等因素影响,收储后国际棉花市场价格大跌,有不少2021年的棉花未能销售出去。面对2022年新疆棉花单产和总产将创历史新高,印度和巴基斯坦出现严重暴雨洪水,美国和巴西出现棉区干旱及美联储不断加息等复杂因素影响,2022年棉花收储和价格目标改革等仍将面临较大挑战。可能造成棉花收购加工企业收棉的积极性不高,收花进度较慢,甚至出现压级压价和提高含杂率等坑农现象。为保护植棉积极性,稳定棉花产业发展,建议做好棉花目标价格改革、加强市场监督和厂企对接及棉花销售、做好资金和仓储调配等各项工作。

(2)树立防灾减灾就是增产增收观念,大力支持以新疆棉区为主的棉花气象监测预警体系建设。棉花气象监测体系是开展气候变化及其影响科学研究,采取趋利避害应对措施和做好防灾减灾工作的基础设施和系统支撑。2021年和2022年中央一号文件分别明确提出要加强农业气象监测体系、气象灾害监测预警体系建设。因此,在规划高标准农田等建设任务时应把以新疆棉区为主的棉花气象监测预警体系建设纳入其中。

(3)从国际视角出发,加强棉花气候生态适宜性与棉花品质评估及精细化区划研究。通过开展全球棉花生产与气候适宜度研究,客观分析和认识新疆棉花生产种植的特殊气候背景和生产特点、新疆棉品质独特性及国际市场地位,在全球气候变化的大背景下,深入研究棉花生产种植区域、不同品种品质与气象条件的关系,构建棉花纤维品质气象模型,确定棉花种植和棉花品质的气候适宜性区划指标,开展棉花气候适宜性精细化区划及气候品质产品评估,为新疆棉种筛选、科学种植布局和市场营销等提供科学依据,促进新疆棉花优质丰产和国际市场竞争力的提高。

(4)基于全球气候变暖背景,进一步推进我国棉花适应和应对气候变化研究。基于全球气候变暖背景,加强世界主要产棉国气候变化趋势及其对棉花产业的影响研究,积极开展我国主要产棉区棉花生产与气候的长期区域试验,构建气候变化对我国不同区域棉花生产影响的评估模型,确定不同地区棉花病虫害发生发展的气象等级指标及区划,加快培育适应"暖湿化"的耐高温棉花新品种,研发棉花育种气象服务关键技术,提升棉花生产趋利避害和应对极端天气的能力和技术水平。

(5)着眼世界棉花大市场,开展世界主要产棉国棉花产量气象预报技术研究。我国是世界纺织和产棉大国,棉花尤其是新疆棉花的销售与世界棉花产量息息相关,开展世界主要产棉国棉花产量预报对及时掌握全球棉花生产和产量形势信息、提前谋划和把握我国棉花和纺织品贸易主动权有着极为重要的意义。因此,建议开展世界主要产棉国棉花产量气象预报技术研究,尽早开展世界主要产棉国棉花产量气象预报服务,为我国棉花及棉纺织品国际贸易提供重要的参考信息和决策依据。

2022年
全国优秀决策气象服务
材料汇编

第五篇

防灾减灾体系建设及其他

卫星监测汤加国洪阿哈阿帕伊火山大规模喷发,需高度关注后续可能引发的极端天气气候事件

朱琳　高浩　张伟　寿宜萱　咸迪　张里阳　吴晓京　覃丹宇
徐娜　陈林　刘旭艳　廖蜜　韩博威　宋晓郊　闫欢欢　耿维成
田林　朱杰　贾煦　李雪　张倩倩　李博　张淼

（国家卫星气象中心　2022年2月28日）

摘要: 火山爆发是一种严重影响天气、气候和航空航海安全的重要自然灾害。2022年1月15日南太平洋汤加塔布岛北侧的洪阿哈阿帕伊火山开始大规模喷发,火山灰云直冲1.7万米以上高空,并导致海啸,汤加、新西兰等国均发布海啸预警。这是近20年以来全球最为猛烈的一次火山喷发事件。多源卫星资料综合监测分析表明:此次汤加火山喷发形成直径达到500千米的伞形上冲云团,强烈上升气流使对流层顶产生强烈扰动,火山爆发形成的冲击波以汤加火山爆发点为圆心向四周大范围快速传播。此次汤加海底火山喷发,从海底喷发出大量火山灰矿物颗粒、二氧化硫气体及水体,喷发的高度远远高于以往任何一次卫星观测和反演的高度。经卫星反演估算:此次火山喷发形成约360万吨的火山矿物颗粒,上升的最高高度25～30千米。火山喷发物质通过辐射强迫、破坏臭氧层、改变云微物理特性等诸多方面对区域及全球气候产生重要影响。后续需持续加强卫星监测,并高度重视由此引发的可能的极端天气气候事件及火山灰、火山浮石对航空、航海安全的影响。

一、汤加火山小规模喷发和热异常监测

汤加位于南太平洋西部、国际日期变更线西侧,是由173个岛屿组成的具有3000多年历史的岛国。位于汤加首都所在的汤加塔布岛北侧的洪阿哈阿帕伊火山(西经175.38度,南纬20.57度,以下简称汤加火山)是一座海底火山。风云三号D星中分辨率光谱成像仪(FY-3D/MERSI-II)2021年12月23日00时50分(UTC时间,下同)监测到汤加火山口周围出现明显的水色变化(图1中浅绿色海域,约600千米^2),水色变化主要是由于火山持续喷发形成的海温升高同时引起海水富营养化导致。至2022年1月15日,该火山口附近水色变化范围呈持续增大趋势,表明海底火山活动加剧,火山能量也在海底不断积聚。

图 1 FY-3D/MERSI-II 真彩色影像监测汤加火山小规模爆发及水色改变
（2021 年 12 月 23 日 00 时 50 分）

二、汤加火山大规模爆发和冲击波监测

风云四号 B 星静止轨道辐射成像仪（FY-4B/AGRI）和风云三号 E 星中分辨率光谱成像仪（FY-3E/MERSI）、微波温度计（FY-3E/MWTS）、风场测量雷达（FY-3E/WindRAD）联合监测显示：2022 年 1 月 15 日 04 时 10 分左右，汤加火山开始大规模地喷发，形成直径达到 500 千米的伞形上冲云团和以汤加火山爆发点为圆心向四周大范围快速传播的冲击波（图 2 和图 3）。其中，2022 年 1 月 15 日 09 时向西传播的冲击波已开始影响我国和亚洲各国；随后在 1 月 16 日观察到向东传播回波。由于火山猛烈喷发，引起的强烈上升气流对对流层顶产生强烈扰动（图 4），并出现异常的海浪活动（图 5）。

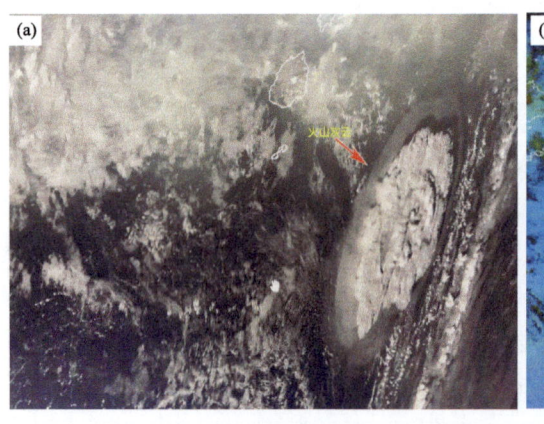

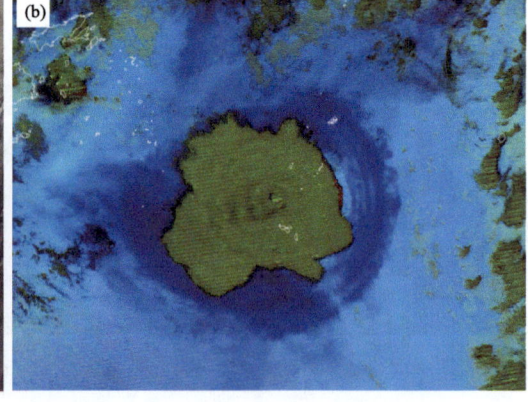

图 2 FY-4B/AGRI 汤加火山爆发真彩色合成图（a，2022 年 1 月 15 日 05 时）和
FY-3E/MERSI 汤加火山爆发增强图（b，2022 年 1 月 15 日 15 时）

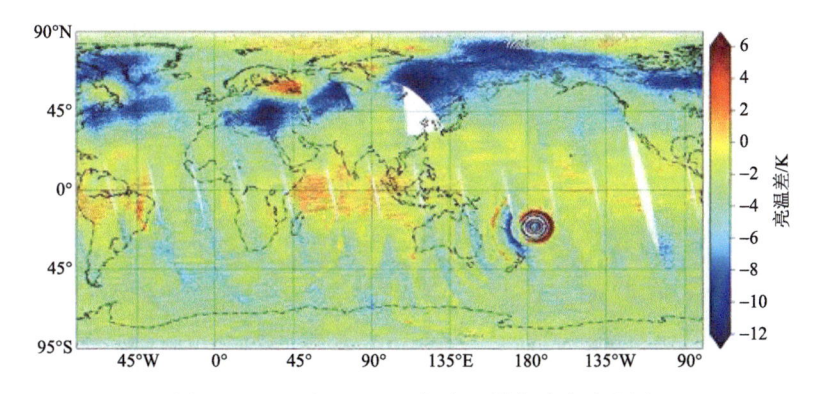

图3　FY-3E/MWTS汤加火山爆发冲击波监测

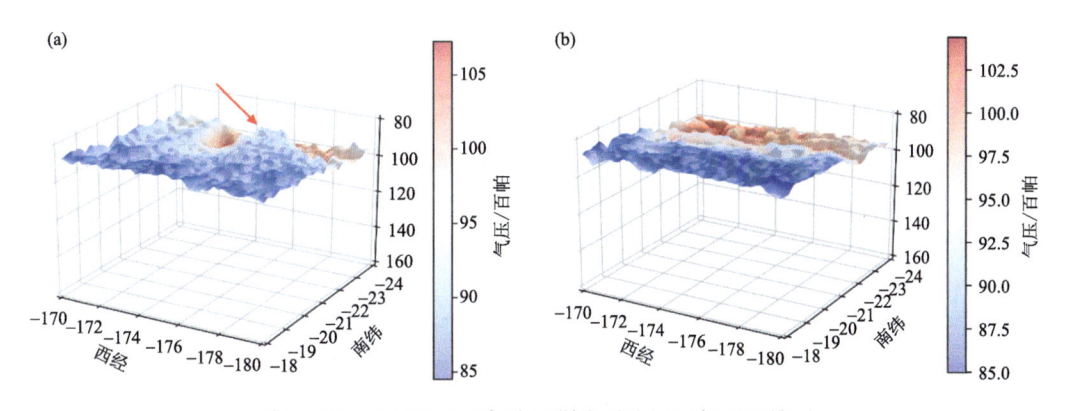

图4　FY-4B/AGRI汤加火山爆发对流层顶气压三维图
2022年1月15日04时(a,红色箭头表示火山喷发引起的对流层顶气压变化)和23时(b)

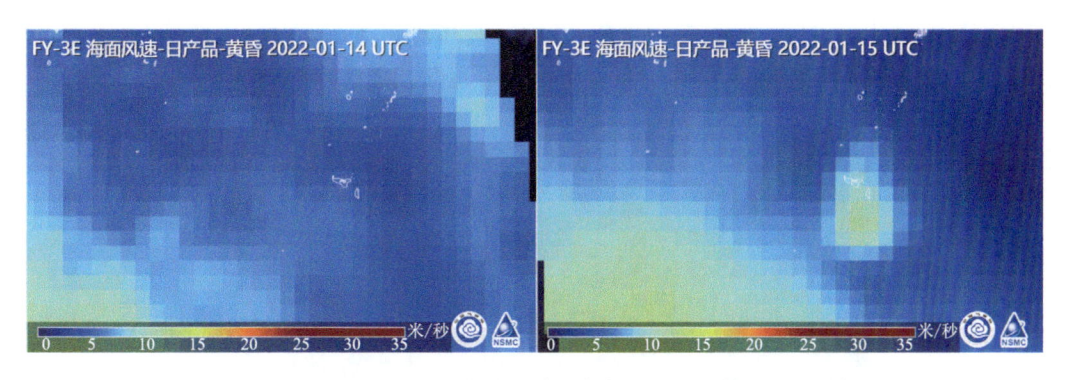

图5　FY-3E/WindRAD汤加洪阿哈阿帕伊火山爆发前后洋面风场图
(2022年1月14日和1月15日黄昏轨道15时)

　　经卫星反演估算:此次火山喷发形成约360万吨的火山矿物颗粒。火山爆发20分钟内,火山灰云主体高度已达到17千米以上。其中,大部分区域火山灰云颗粒质量浓度较大,在7～10克/米²(图6)。15日爆发后,火山灰云主体部分在高层偏东风的引导下继续向西移动。同时,受火山灰云内部热力条件影响高度进一步抬升,据1月16日激光雷达卫星

CALIPSO 监测显示火山灰云已上升到 25~30 千米高度。由于此次喷发火山灰云的颗粒物质量浓度较大,同时伴有湿沉降过程,火山灰中大部分矿物颗粒在 15 日 17 时左右逐渐在西经 175 度附近徘徊下沉。

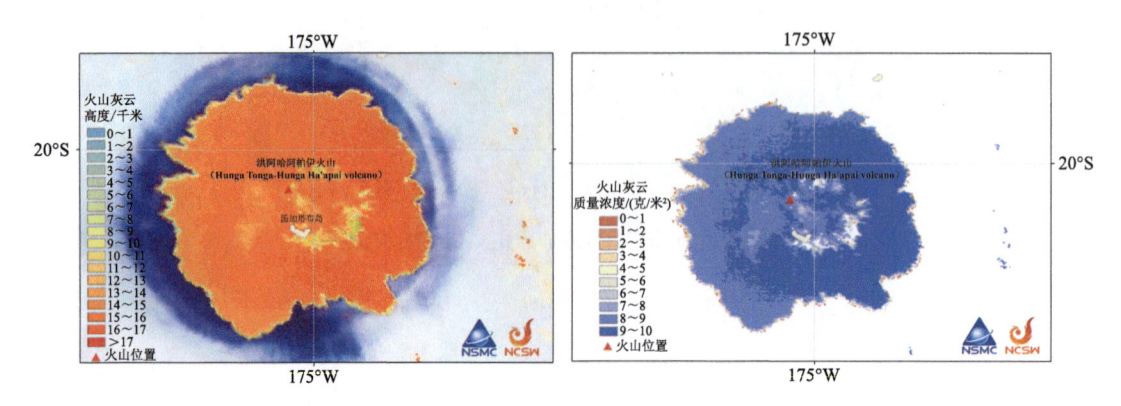

图 6 汤加洪阿哈阿帕伊火山灰云顶高度和质量浓度反演(2022 年 1 月 15 日 05 时)

三、火山灰云后续扩散过程监测

FY-4A/AGRI 跟踪监测显示:15 日 17 时后,虽然大部分火山灰云矿物颗粒逐渐沉降,从火山灰云团中逐渐分离出的高浓度二氧化硫气团继续向西移动,羽流沿东西轴变窄和拉长。该二氧化硫云团 17 日到达澳大利亚东海岸,17—19 日在澳大利亚上空移动,高度降低为 16~19 千米,并在 21 日 03 时左右达到非洲马达加斯加群岛,形成从澳大利亚到非洲马达加斯加群岛之间狭长的二氧化硫云带(图 7,东西长约 6000 米,南北宽约 1500 米)。截至 1 月 25 日,二氧化硫主体已越过非洲大陆,继续向西移动到西经 11 度,南纬 21 度附近。随后,二氧化硫气团浓度继续降低,在卫星影像上信号逐渐减弱。

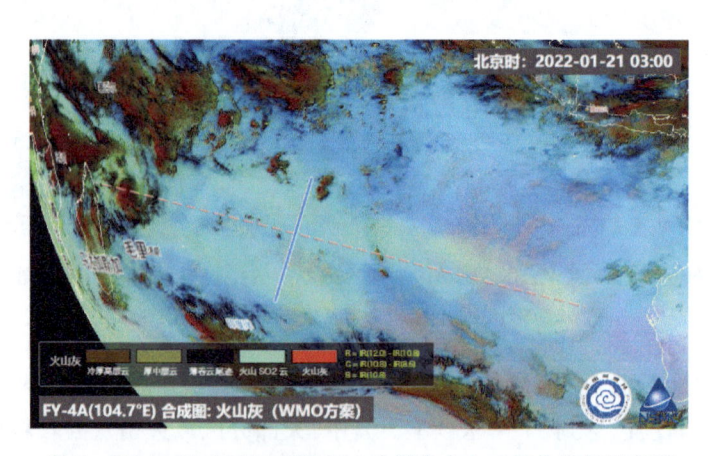

图 7 FY-4A/AGRI 卫星汤加火山爆发火山二氧化硫扩散监测

四、关注与建议

此次汤加海底火山喷发的高度远远高于以往任何一次卫星观测和反演的结果，此外，卫星资料也是首次监测到大规模火山爆发产生的冲击波及其在全球的震荡过程。虽然火山灰中大部分矿物颗粒在向西移动过程中慢慢沉降，但高浓度火山二氧化硫气体在高空气流的引导下持续向西扩散。火山喷发物质通过辐射强迫、破坏臭氧层、改变云微物理特性、引起温度和降雨异常等诸多方面对区域及全球气候以至农业产生重要影响，后续需高度重视由此引发的极端天气气候事件及对农业的影响。此外，火山灰中的硅酸盐矿物颗粒极易被航空飞行器中的高温涡轮引擎融化，导致飞机严重的涡轮引擎故障。同时，海底火山爆发引发的大面积火山浮石筏长期漂浮在海面，还会对海上航行产生严重影响。后续需加强多源卫星动态监测和研判，持续为我国航空安全及海军开展国际救援提供有力支撑。

中国地面、高空国际交换站现状与世界气象组织基本观测网（GBON）差距分析及建议

刘娜　孙英锐　廖捷　陈杰

（国家气象信息中心　2022年10月25日）

摘要：WMO及其前身国际气象组织（IMO）成立的基本目标就是促成全球气象资料共享，推进气象学科发展。迈入"地球系统"的时代，气象学科和气象服务的发展需要更多要素、更高频次、更高密度的全球数据共享。2021年10月18日，世界气象大会特别会议（Cg-Ext2021）通过了WMO 1号决议（WMO统一数据政策），其中，WMO基本观测网（Global Basic Observing Network，GBON）规定的数据是第一步重点交换的数据。本报告按照WMO GBON通函草案（18876/2022/I/WIGOS/ONM/GBON）要求，分析了目前中国参与国际交换的地面、高空站现状及其与世界气象组织基本观测网（GBON）要求的差距，综合考虑数据安全性、数据质量及可持续性因素给出了未来参与GBON国际交换站的站点遴选原则及遴选建议，为中国参与GBON国际交换站的站点遴选提供决策服务支撑。

一、WMO数据政策修订背景

WMO及其前身国际气象组织（IMO）的成立基本目标就是促成全球气象资料共享，推进气象学科发展，促使"风云可测"。1995年世界气象组织第十二次大会（Cg-12）上，在时任WMO主席的邹竞蒙局长的主持下，通过了WMO著名的40号决议，以"基本数据"免费无限制共享，"额外数据"自愿共享，取得各国最大公约数。1999年（第十三次大会，Cg-13）通过了关于水文资料交换的25号决议，以及2015年（第十七次大会，Cg-17）关于气候资料交换的60号决议。迈入"地球系统"的时代，气象学科和气象服务的发展需要更多要素、更高频次、更高密度的全球数据共享，2021年10月18日，世界气象大会特别会议（Cg-Ext2021）通过了WMO 1号决议（WMO统一数据政策），其中，WMO基本观测网（GBON）规定的数据是第一步重点交换的数据。

二、GBON国际交换站要求

GBON是基于观测数据对天气预报和气候分析的重要性，旨在促进全球范围观测数据的交换和共享而定义的观测站网设计。GBON的实施，将促进全球大多数地面观测数据的获取，将对改进天气预报质量产生直接的积极影响，使所有WMO会员受益。按照GBON要求，标准密度地面观测站水平空间分辨率≤200千米，高密度地面观测站水平空间分辨率

≤100 千米,时间频次为逐小时;高空站水平空间分辨率≤200 千米,垂直分辨率≤100 米,垂直层次达 30 百帕及以上,时间频次为逐 12 小时;飞机探测资料上升及下降阶段的垂直分辨率≤300 米,平飞状态的水平空间分辨率≤100 千米;海洋区域观测水平空间分辨率≤500 千米。

三、中国区域 GBON 国际交换站现状

基于 2022 年 10 月检索的 WMO OSCAR/Surface 中的中国区域 GBON 台站信息进行分析如下:①中国注册的 372 个国际交换站中,有 241 站满足 GBON 站要求,其中包括大陆区域国际交换站 218 站、台湾省 4 站、香港 7 站、澳门 1 站以及大陆区域非国际交换站 11 站,本报告中的后续分析均去除该 11 站。②中国注册的 89 个国际交换站中,有 89 站满足 GBON 站要求,沈阳高空站因站址迁移未进行数据交换,即目前进行数据交换的中国 GBON 高空站为 88 站,其中包括大陆区域国际交换站 86 站、台湾省 1 站、香港 1 站。

四、中国现有 GBON 站与 WMO GBON 要求的差距分析

(一)GBON 地面交换站差距分析

(1)考虑观测仪器可持续维护因素,现有 GBON 地面站数满足 GBON 标准密度要求,距离 GBON 高密度要求有差距。考虑 GBON 交换站的数据质量及数据稳定性,GBON 站点遴选区域应避开无仪器可持续维护能力区域,中国国土面积约 963.6271 万千米^2,其中人烟稀少区域①约 333 万千米^2,这些区域每平方千米人口不足 5 人,无法保证仪器正常维护,因此,遴选站点的区域面积为 630.6271 万千米^2。按照 WMO 计算 GBON 目标站数的方法,对照标准密度要求(站点水平空间分辨率≤200 千米),中国参与 GBON 国际交换的地面站目标数为 158 站,这种情况下,中国现有 GBON 地面站数(222 站)满足 WMO GBON 要求。对照 GBON 地面站高密度要求(站点水平空间分辨率≤100 千米),中国参与 GBON 国际交换的地面站目标数为 631 个,现有 GBON 地面站数较目标站数少 401 站(表 1)。

表 1 中国区域 GBON 地面站差距分析(考虑仪器可持续维护因素)

台站类型	目标数	现有数	差距数(总数)	差距数(待改进**)	差距数(新增***)
GBON 陆地地面站(标准密度)	158	222+8*	0	0	0
GBON 陆地地面站(高密度)	631	222+8*	401	129	272

注:* 表示基于 OSCAR 检索,现有中国区域 GBON 地面站,包括大陆 218 站、台湾省 4 站、香港 7 站、澳门 1 站;** 表示待改进,基于现有国际交换站,通过增加共享数据频次等方式,数据完整性可达到 GBO 站要求;*** 表示新增,需要从目前国际交换站之外的地面观测站进行增补。

(2)不考虑观测仪器可持续维护因素,现有 GBON 地面站数较 GBON 标准密度目标站数少 20 站,较 GBON 高密度目标站数少 735 站。不考虑仪器可持续维护能力因素,遴选站点的区域面积为 963.6271 万千米^2,按照 WMO 计算 GBON 目标站数的方法,对照标准密度要求(站点水平空间分辨率≤200 千米),中国参与 GBON 国际交换的地面站目标数为 242

---
① 基于中国科学院地理所基于夜间灯光、地表建筑物覆盖研制的 1 千米网格人口数据(2015 年)统计。

站,这种情况下,中国现有 GBON 地面站数(222 站)较目标站数少 20 站。对照 GBON 地面站高密度要求(站点水平空间分辨率≤100 千米),中国参与 GBON 国际交换的地面站目标数为 965 站,现有 GBON 地面站数较目标站数少 735 站(表 2)。

表 2　中国区域 GBON 地面站差距分析(不考虑仪器可持续维护因素)

台站类型	目标数	现有数	差距数(总数)	差距数(待改进**)	差距数(新增***)
GBON 陆地地面站(标准密度)	242	222+8*	12	0	0
GBON 陆地地面站(高密度)	965	222+8*	735	129	272

注:*、**、***的含义同表 1。

(3)地面观测数据时间频次仅符合 GBON 时间频次可选要求,距离逐小时有差距。目前中国大陆和台湾省注册的 222 个 GBON 地面站中,221 个站的数据时间频次为 8 次/日(00 时,03 时,06,09 时,12 时,15 时,18 时,21 时,UTC),1 个站数据时间频次为 7 次/日(00 时,03 时,06 时,09 时,12 时,15 时,18 时,UTC),GBON 的可选标准(一个月中超过 60%的天数中,站点的完整性超过 30%,即数据时间频次要超过 7 次/日)。

(二)GBON 高空交换站差距分析

(1)考虑观测仪器可持续维护因素,现有 GBON 高空站数满足 GBON 高空站标准密度要求,距离 GBON 高密度要求有差距。考虑 GBON 交换站的数据质量及数据稳定性,遴选站点的区域面积为 630.6271 万千米^2。按照 WMO 计算 GBON 目标站数的方法,对照标准密度要求(站点水平空间分辨率≤500 千米),中国参与 GBON 国际交换的高空站目标数为 25 站,这种情况下,中国现有 GBON 高空站数(87 站)满足 WMO GBON 要求。对照 GBON 高空站高密度要求(站点水平空间分辨率≤200 千米),中国参与 GBON 国际交换的高空站目标数为 158 个,现有 GBON 高空站数较目标站数少 70 站(表 3)。

表 3　中国区域 GBON 高空站差距分析(考虑仪器可持续维护因素)

台站类型	目标数	现有数	差距数(总数)	差距数(待改进**)	差距数(新增***)
GBON 陆地高空站(标准密度)	25	87+1*	0	0	0
GBON 陆地高空站(高密度)	158	87+1*	70	0	70

注:* 表示基于 OSCAR 检索,现有中国区域 GBON 高空站,包括大陆 86 站、台湾省 1 站、香港 1 站;**、***的含义同表 1。

(2)不考虑观测仪器可持续维护因素,现有 GBON 高空站数较 GBON 标准密度目标站数少 20 站,较 GBON 高密度目标站数少 153 站。不考虑仪器可持续维护能力因素,遴选站点的区域面积为 963.6271 万千米^2,按照 WMO 计算 GBON 目标站数的方法,对照标准密度要求(站点水平空间分辨率≤500 千米),中国参与 GBON 国际交换的高空站目标数为 40 站,这种情况下,中国现有 GBON 地面站数(87 站)较满足 WMO GBON 要求。对照 GBON 高空站高密度要求(站点水平空间分辨率≤200 千米),中国参与 GBON 国际交换的高空站目标数为 241 站,现有 GBON 高空站数较目标站数少 153 站(表 4),已经超出目前中国国内高空观测总站数。

(3)高空垂直探测高度均满足 GBON 探测高度要求。基于 2022 年 8 月的中国大陆高空交换数据统计,中国大陆 86 个 GBON 国际交换高空站数据的垂直探测高度均可达到 30 百帕及以上。

表 4 中国区域 GBON 高空站差距分析(不考虑仪器可持续维护因素)

台站类型	目标数	现有数	差距数(总数)	差距数(待改进**)	差距数(新增***)
GBON 陆地高空站(标准密度)	40	87+1*	0	0	0
GBON 陆地高空站(高密度)	241	87+1*	153	0	153

注:*、**、***的含义同表3。

(4)高空探测垂直分辨率部分站满足 GBON 垂直分辨率要求。从垂直探测能力角度而言,中国高空站垂直探测分辨率可达 10 米以内,能够满足 GBON 对高空探测垂直分辨率的要求,但仅各等压面层(1000 百帕/925 百帕/850 百帕/700 百帕/500 百帕等)和温湿风特性层(即温湿风的垂直变化拐点对应的层次)参加国际交换,特性层的层数和天气过程有关。基于 2022 年 8 月的中国大陆高空交换数据统计,中国大陆 86 个 GBON 国际交换高空站中,53 个站垂直探测分辨率≤100 米,其他 33 个高空站垂直探测分辨率在 103~143 米,这也可能与这部分站无复杂天气过程发生有关。

(5)高空数据时间频次均满足 GBON 时间频次要求。目前中国大陆交换的 86 个 GBON 高空站中,时间频次均为 2 次/日(00 时,12 时,UTC),时间频次符合 GBON 高空时间频次要求。

五、中国区域 GBON 地面站交换建议

基于第四节中国现有 GBON 站与 WMO GBON 的差距分析结果,目前中国区域 GBON 高空站的空间站点数、垂直探测高度、垂直探测分辨率以及时间频次均能满足 WMO GBON 标准密度高空站要求,对于 GBON 高密度高空站要求,已超出中国国际交换高空站的范围。本节的交换目标及贡献建议只针对中国国际交换地面站。

(一)中国区域 GBON 站遴选原则

(1)遴选站点应避开军事等安全敏感区。按照国家安全等相关规定,中国国家地面观测站共 265 站列为安全敏感站。参与国际交换的站点遴选应避开安全敏感站范围。避开原则是东部地区(100°E 以东)安全敏感站点用选取同一个 100 千米×100 千米网格内距离较远的非敏感站进行替换,西部地区安全敏感站直接扣除,通过增选东部地区非敏感站进行补充。

(2)遴选站点应避开国家重要交通枢纽区。国际交换站站点遴选除了避开敏感站范围,还应避开军事安全、西部边疆、沿海边疆、国家重要交通枢纽以及国家重大工程所在区域。其中,重要交通枢纽主要包括战略骨干通道(川藏铁路等)、沿海沿江沿边交通通道以及跨界江河交通通道等①。避开原则是重要交通枢纽附近 5 千米内不挑选站点。

(3)遴选站点应避开国家重大工程设施区。国家重大工程包括杭州湾跨海大桥、港珠澳大桥、三峡水库、浙江舟山大连战略石油储备工程、江苏苏通长江大桥、重大核电工程(辽宁红沿河、山东石岛湾、浙江秦山等 20 个核电工程)等。避开原则是重大工程设施附近 5 千米

---

① 基于国家自然资源部交换的基础地理信息数据进行提取。

内不挑选站点。

(4)遴选站点应考虑站点可持续维护能力。中国陆地国土面积约963万千米^2,其中,人烟稀少区域约333万千米^2,这些区域每平方千米人口不足5人,无法保证仪器正常维护。考虑数据质量和数据稳定性,遴选站点应避开无仪器可持续维护能力区域。

(二)中国区域GBON站遴选建议

(1)按照GBON标准密度要求目标数,但需替换现有GBON地面站中的敏感站。按照WMO GBON标准密度要求目标数,提供242站作为WMO GBON站。目前中国的GBON地面站中包含了23个安全敏感站[1],建议对安全敏感站进行替换。替换站点遴选规则如下:兼顾避开重要交通枢纽、重大工程设施与可持续维护原则,东部地区(100°E以东,覆盖了15个安全敏感站),若同一100千米×100千米网格有非敏感可选站,选取同一网格内距离较远的非敏感站进行替换,若同一100千米×100千米网格无非敏感可选站,通过增选其他网格内可选站点进行补充,西部地区(100°E以西,覆盖8个安全敏感站)删除安全敏感站,通过东部地区增选站点进行补充。

(2)按照GBON高密度密度要求目标数,新增站以满足GBON高密度站要求。按GBON高密度站要求,中国区域GBON国际交换站目标站数为631个,现有GBON地面站数较目标站数少401站(表1)。新增站点的遴选,同样兼顾避开安全敏感区、重要交通枢纽区、重大工程设施区与可持续维护的原则。按照WMO全球差距分析方法,新增站点包括待改进站和待新增站。

1)从现有国际交换站中遴选站点作为待改进站[2]。国际交换站中的非GBON地面站(149个),可通过增加共享频次被遴选为GBON地面站。经统计,最新国际交换站表(气办发〔2022〕23号)中的非GBON地面站中包含20个安全敏感站,因此,从现有国际交换站中,可遴选的站数仅有129站。

2)从非国际交换站中遴选站点作为待新增站[3]。基于非国际交换站站点,扣除安全敏感站,扣除重要交通枢纽及重大工程设施区域5千米范围的站点,按照每个100千米×100千米网格选取1个站点的规则新增遴选272个站作为待新增站。

3)增加时间频次以满足GBON频次要求。按照GBON要求,时间频次最好为逐小时,逐日数据完整性≥30%的站,也可作为GBON可选站范围。因此,敏感站的替换站及新增站的时间频次均应增加至逐3小时及以上。

---

[1] 安全敏感站:经军方及有关安全部门确认的敏感站。

[2] 待改进站:从现有国际交换站,通过增加共享数据频次,可以满足GBON要求(在1个月内至少有60%的天数,数据完整性≥30%)的站。

[3] 待新增站:从非现有国际交换站中遴选的新增站。

我国地球系统模式研究亟待加强

沈晓琳　李焯　宋振鑫

（中国气象局地球系统数值预报中心　2023年4月23日）

摘要： 中国气象局坚持把数值预报自主创新摆在核心地位，创新体制机制，统筹研发资源，强化人才培养，加快数值预报核心技术攻关，建成了数值预报模式体系，有力支撑了气象预报服务和气候变化研究。但与欧美发达国家先进水平相比，我国数值预报仍有差距。当前，发达国家正在集中力量加快研发下一代数值预报模式——地球系统模式。我国必须加强顶层设计，发挥制度优势，加快地球系统模式研发，坚决打赢核心技术攻坚战。

一、组建地球系统数值预报中心，数值预报研发取得重要进展

地球系统模式是在耦合了大气、陆面、海洋、海冰等分量模式的气候系统模式的基础上，增加了大气化学过程、生物地球化学过程和人类活动影响以及这些过程间复杂相互作用的数值模式。地球系统模式也被称为现代气象学、地球系统科学的"芯片"，是21世纪前沿科技。加强国产地球系统模式研发是气象高质量发展的必然要求，是保障国计民生的国家核心科技，也是在全球气候治理和防灾减灾领域体现大国担当的基础支撑。

为贯彻落实习近平总书记关于气象工作重要指示精神，加快气象科技创新，解决我国气象部门数值预报研发力量分散等突出问题，实现数值预报技术高水平自立自强，经中央机构编制委员会办公室批准，2021年9月30日，中国气象局整合国家气象中心、国家气候中心、国家卫星气象中心、国家气象信息中心和中国气象科学研究院等单位数值模式研发任务和资源力量，成立中国气象局地球系统数值预报中心（以下简称"数值预报中心"）。

一年多来，数值预报中心通过规划、创新团队、项目、经费、计算资源等统筹国家和省级数值预报研发力量，形成项目、人才、资源一体化配置的气象部门数值预报模式协同创新格局。通过成立地球系统数值预报国际科学指导委员会，聘任首席科学家、科学主任等方法吸收18位国际专家深度参与和指导数值预报模式研发。以高性能计算、大数据云平台基础设施资源为支撑，搭建集模式研发、中试、评估和贡献评价于一体的数值预报科技创新平台。数值预报研发取得实质性进展：

一是基本建成无缝隙数值预报模式体系。建成从区域到全球，从天气到气候的无缝隙数值预报业务体系。全球数值预报模式北半球可预报天数稳定达到7.8天，东亚地区达到8.2天。热带季节内振荡等关键气候现象预测技巧达24天。

二是数值预报产品有力支撑气象业务服务。多要素数值预报产品在天气预报、气候预测、气候变化研究、气象服务以及北京冬奥、党的二十大等重大活动气象服务保障中发挥支

撑作用。气候模式准确预测了2022年汛期降水和气温异常。

三是模式核心技术研发取得明显进展。建成12.5千米分辨率全球数值预报模式及集合四维变分同化系统、区域1千米1小时快速循环同化预报系统。风云卫星新载荷资料同化应用周期显著缩短，国产卫星、雷达资料在模式同化中的占比显著增加，模式对国外卫星资料的依赖程度降低。

二、我国地球系统数值预报技术研发存在的问题

我国数值预报技术与世界先进水平仍然差距明显，数值预报产品还不能满足气象服务需要。从全国看，地球系统模式研发力量分散，难以形成合力。

一是数值预报性能与国际领先梯队差距仍然明显。当前，欧美发达国家已经建立了全球天气预报、气候预测、大气环境预报的模式体系，并陆续开启了以地球系统模式和数字孪生地球为目标的下一代模式研发。我国数值天气预报虽然实现了核心技术的自主可控，但模式分辨率、预报时效、同化所用观测资料的种类和数量等还存在一定差距。

二是日趋复杂的国际形势制约我国数值预报快速发展。俄乌冲突后，欧洲气象卫星应用组织（EUMETSAT）立即停止向俄罗斯提供卫星观测数据服务，欧洲中期天气预报中心（ECMWF）也中断了与俄罗斯的合作。事实上美国国家大气和海洋管理局（NOAA）和欧洲中期天气预报中心（ECMWF）早就完成了资料断供测试，做好了与我国中断合作的准备。如，美国从2014年就尽量不在模式中使用中国卫星资料；欧洲中期天气预报中心不仅测试了没有中国卫星资料的影响，还测试了没有美国卫星的影响。中美大气科技合作议定书至今未续签，合作前景晦涩不明，对数值预报人才合作和技术交流存在长远影响。我们要做好长期应对外部环境变化的思想准备，时刻保持安全自主意识，积极应对技术封锁、数据断供等风险。

三是全球气候变化背景下极端天气频发重发对数值预报提出了新挑战。2021年湖北武汉"5·14"龙卷、河南郑州"7·20"特大暴雨等极端天气事件暴露出在精准预报预警方面存在短板弱项，数值预报模式对局地性、突发性、极端性灾害天气的预报能力有限，分区、分时段、分强度的预报还不够精准，与《气象高质量发展纲要（2022—2035年）》提出的"5个1"精准预报目标相比还存在很大差距。

四是地球系统数值预报技术研发力量分散。虽然气象部门对数值预报业务实行了集中统筹，初见成效，但我国数值预报学科布局缺位与交叉重复并存的现象仍客观存在，缺乏分工协作、业务导向机制。地球系统数值预报技术研究力量分散在中国科学院、高等院校、多部门科研院所和事业单位、高科技企业。我国参与第6次国际模式比对计划（CMIP6）的模式研发团队多达11个，预计参加第7次模式比对计划（CMIP7）的团队会更多。国内大多数团队采用国外开源模式技术进行研发，花中国钱，为外国模式优化做贡献，论文发得快，对业务贡献少。各团队采用不同的模式框架和技术路线，难以协同，浪费了大量优质人才、超级计算和科研经费资源，制约了模式高质量发展。

三、建立地球系统数值预报核心技术攻关新型举国体制的建议

党的二十大报告要求，加快实现高水平科技自立自强，以国家战略需求为导向，集聚力量进行原创性引领性科技攻关，坚决打赢关键核心技术攻坚战。要实现地球系统数值预报核心技术突破，必须贯彻落实党的二十大精神，健全新型举国体制，强化国家战略科技力量，提升创新体系整体效能。

一是从战略层面加强地球系统数值预报技术力量。从国家层面，加强地球系统模式研发和业务系统建设顶层设计。统筹数值预报领域学科设置、研发布局、团队发展、科技资源和基础设施建设。统筹科研院所、高等院校、重点实验室和企事业单位资源，针对地球系统模式，构建数值预报核心技术协同攻关新型举国体制。建设定位明确、功能清晰、开放共享、相互促进和支撑的国家数值预报协同创新平台，覆盖研发全过程、连接业务全链条。优化资源管理效能，适度超前迭代，提升气象算力水平，完善精准预报算法体系，推动我国数值预报可持续发展。

二是实施国家气象科技中长期发展规划，利用国家平台优化项目管理。对数值模式研发领域给予稳定的中央财政经费支持。按照数值预报领域学科特点，测算确定合理、稳定的经费支持比例，促进科研人员安心搞科研。加大国家重点研发计划和国家自然科学基金等统筹支持，做好地球系统基础理论和模式技术的凝练梳理，以及人工智能、大数据、量子计算等在地球系统模式中应用的前瞻性布局，推动国家层面数值预报领域项目、平台、人才、资金一体化配置。

三是以高度灵活的人才管理体系优化人才使用效率，打造重点学科人才特区。面向地球系统模式研发，建设"人才智力高度密集、体制机制真正创新、科技创新高度活跃、重点学科快速发展"的人才特区，培养一批能够进行方向性、全局性、前瞻性思考、具有科技组织领导才能的战略科学家。创新人才政策体系，通过跨学科、跨行业、跨区域的人才引进，壮大地球系统数值预报领域国家战略科技力量，在薪酬激励、职称评审、子女教育、落户、医疗、住房保障等方面给予政策突破，对国际高端人才实施给予入境、停居留便利的人才引进政策。

四是发起地球系统模式研究大科学工程。世界领先的数值预报模式中心，如欧洲中期数值预报中心和美国环境模拟中心等，都是国际合作的典范，吸引了各国科学家参与研发。要实现我国地球系统模式的跨越式发展，就必须加强国际合作。建议面向地球系统模式，从国家层面培育和发起大科学计划和大科学工程，吸引金砖国家、"一带一路"国家、亚太国家，也包括欧美国家科学家参与地球系统科学研究和模式研发，推动地球系统数值预报模式国际共建共享，为防灾减灾、应对气候变化提供支撑，提升我国在国际数值预报领域的核心竞争力和话语权。

宁夏避暑旅游气候资源分析与"避暑旅游目的地"和"中国天然氧吧"国家气候标志品牌的创建情况

史霖　缑晓辉　李香芳　赵亮　王素艳　王璠
翟颖佳　厚军学　姚姗姗　尚艳　朱永宁　朱晓炜

（宁夏回族自治区气象局　2022年9月23日）

摘要："人民满意"是气象高质量发展的根本目标，也是地方社会经济发展的根本。"避暑旅游目的地""中国天然氧吧"等国家气候标志品牌创建工作，是深层次践行"绿水青山就是金山银山"生态发展理念，助力赋能地方社会经济发展，让"人民满意"的重要举措。宁夏拥有丰富的避暑旅游气候资源，整个夏季中南部地区及北部部分地区均适宜避暑旅游（南部负氧离子含量也较丰富），其中，6月和8月全区大部均适宜避暑旅游，7月南部地区适宜避暑旅游。2020年以来宁夏气象局挖掘宁夏康养旅游气候资源，启动两个国家气候标志品牌创建工作。利用负氧离子浓度监测等数据，编制泾源"中国天然氧吧"评估报告，助力泾源县成功获批宁夏首个"中国天然氧吧"称号；利用多年气象观测等资料编制六盘山和泾源县"避暑旅游目的地"评估报告，目前已经通过了国家气候中心初审；联合宁夏文化和旅游厅推出"天语康养避暑"系列宣传，受到广泛关注和打卡。建议深度挖掘开发宁夏避暑等康养旅游资源，继续推进南部负氧离子含量高的区域创建"中国天然氧吧"品牌，全区符合避暑条件的市县、景区积极创建"避暑旅游目的地"品牌。加大品牌宣传力度，提高宁夏避暑等康养旅游知名度，扩大旅游客源市场，持续推动旅游业高质量发展。2022年4月国务院印发的《气象高质量发展纲要（2022—2035年）》进一步强调，要推动气象服务向高品质和多样化升级，强化旅游资源开发与旅游出行安全气象服务供给。"避暑旅游目的地"是国家气候标志的子品牌，旨在充分挖掘并发挥地方气候资源优势，打造国家级避暑旅游气候品牌，助推美丽中国建设和地方经济社会发展。2018年3月，《关于促进全域旅游发展的指导意见》（国办发〔2018〕15号）明确提出"大力开发避暑旅游产品，推动建设一批避暑度假目的地"。为充分挖掘宁夏避暑旅游气候资源，助力地方生态文明建设，针对夏季避暑旅游需求，利用宁夏各地气象观测资料，建立了宁夏避暑旅游气象指数，综合评估全区避暑旅游适宜度，为提高宁夏避暑旅游发展提供决策依据。

一、宁夏避暑旅游气候资源分析

宁夏深居中国内陆，远离海洋，位于中国季风区的西缘，四季分明，气候温凉，昼夜温差大,7月最热,平均气温只有 22.5 ℃,光照充足,太阳辐射强,降水少,且降水年内、年际间变率大,拥有丰富的避暑旅游资源。

针对宁夏夏季避暑旅游需求,利用全区 24 个国家气象观测站 2011—2020 年逐日气象观测资料,开展了全区夏季(6—8月)、6月、7月和8月避暑旅游气候资源分析,综合考虑了气候禀赋(平均气温、适宜气温、最低气温、最高气温、适宜降水、适宜湿度、适宜风和大气含氧量)、气候不利条件(高温、强降水、静风、强风和雷暴、冰雹、龙卷、飑线等强对流天气)、气候舒适度(人体舒适度指数、气候度假指数、气候旅游指数)等三大类共计 23 个评价指标,计算得出各个指标历年的优良率,并赋予权重后,采用层次分析法,建立了宁夏避暑旅游气象指数,对全区避暑旅游适宜度进行了区划,划分为非常适宜、适宜、较适宜、一般、不适宜 5 个等级。

夏季(6—8月),宁夏中南部地区及北部部分地区适宜开展避暑旅游,其中,吴忠市盐池县东南部、同心县南部、中卫市沙坡头区中北部、中宁县南部、海原县北部为避暑旅游适宜地区;麻黄山,中卫市沙坡头区南部、海原县中南部,固原市全市为避暑旅游非常适宜地区(图1)。

6月,宁夏大部适宜开展避暑旅游,其中,石嘴山市大武口区北部、平罗县东部,吴忠市盐池县、红寺堡区东部和南部、同心县,中卫市沙坡头区、中宁县南部、海原县北部为避暑旅游适宜地区;麻黄山、吴忠市同心县南部,中卫市沙坡头区南部、海原县中南部,固原市全市为避暑旅游非常适宜地区(图2)。

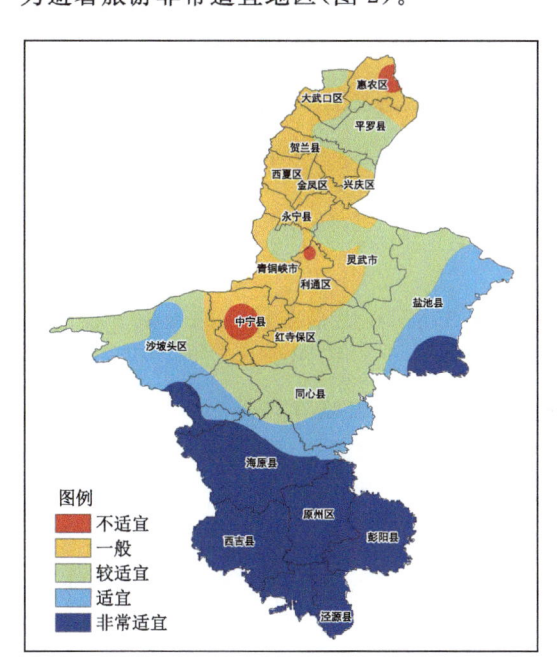

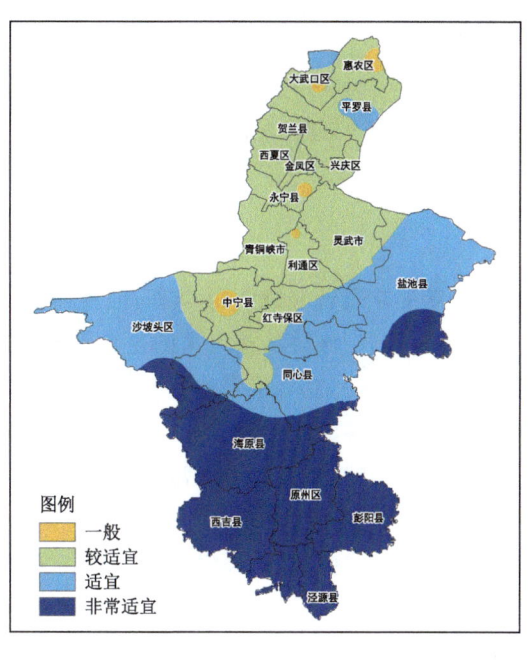

图 1　宁夏夏季避暑旅游适宜度空间分布　　图 2　宁夏 6 月避暑旅游适宜度空间分布

7月,宁夏南部地区适宜开展避暑旅游,其中,麻黄山、吴忠市同心县南部,中卫市沙坡头区南部、海原县北部为避暑旅游适宜地区;中卫市海原县南部及固原市全市为避暑旅游非常适宜地区(图3)。

8月，宁夏大部适宜开展避暑旅游，其中，石嘴山市大武口区中北部、平罗县东部，吴忠市盐池县、红寺堡区东部和南部、同心县，中卫市沙坡头区中北部、中宁县南部、海原县北部为避暑旅游适宜地区；石嘴山市大武口区北部，吴忠市盐池县东部、同心县南部，中卫市沙坡头区南部、海原县中南部，固原市全市为避暑旅游非常适宜地区（图4）。

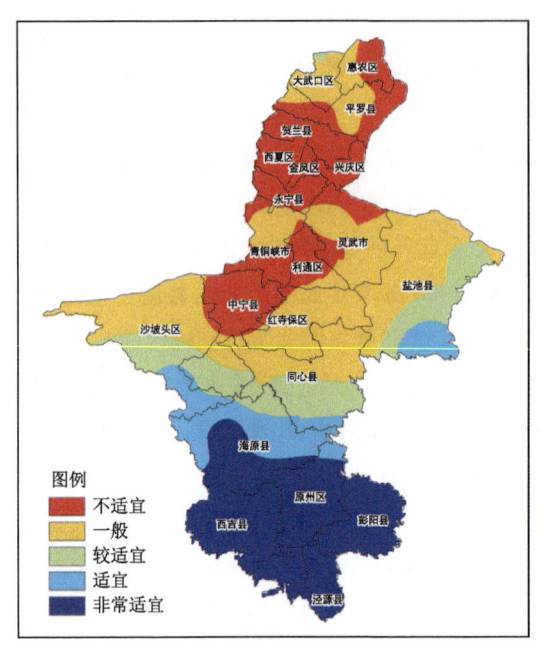

图3　宁夏7月避暑旅游适宜度空间分布　　　　图4　宁夏8月避暑旅游适宜度空间分布

二、宁夏避暑旅游气象灾害危险性分析

宁夏夏季避暑旅游资源丰富，但夏季正处于宁夏主汛期，仍存在较大的气象灾害危险性，可能对游客、旅游从业人员的生命财产安全造成威胁。

根据1978—2020年宁夏各地气象观测资料，研究影响宁夏避暑旅游的气象灾害特征，综合考虑各灾种的致灾因子，得出综合致灾危险性指数，分析宁夏避暑旅游的气象灾害危险性特征，以减轻对宁夏避暑旅游造成的损失。

对影响全区避暑旅游的气象灾害危险性进行了区划，划分为高、较高、较低、低4个等级，定义高和较高危险性地区为易发生灾害的地区。统计分析发现，宁夏避暑旅游主要面临较大的气象灾害有暴雨、雷电和大风。宁夏避暑旅游易发生暴雨灾害的地区为贺兰山地区，石嘴山市大武口区、惠农区，银川市西夏区，吴忠市罗山、麻黄山，中卫市南华山，固原市大部（图5）；易发生雷电灾害的地区为贺兰山地区，石嘴山市大部，银川市贺兰县、灵武市，吴忠市盐池县、同心县，中卫市，固原市（图6）；易发生大风灾害的地区为贺兰山地区，石嘴山市，银川市西夏区、金凤区西部、贺兰县、永宁县西部、灵武市东北部，吴忠市盐池县北部和南部、罗山，中卫市沙坡头区、中宁县、南华山以及固原市六盘山地区（图7）。

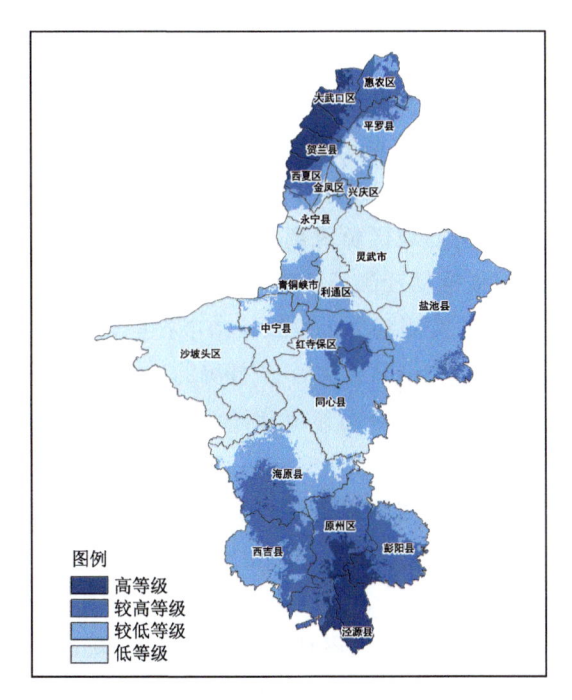

图 5　宁夏暴雨灾害危险性空间分布

图 6　宁夏雷电灾害危险性空间分布

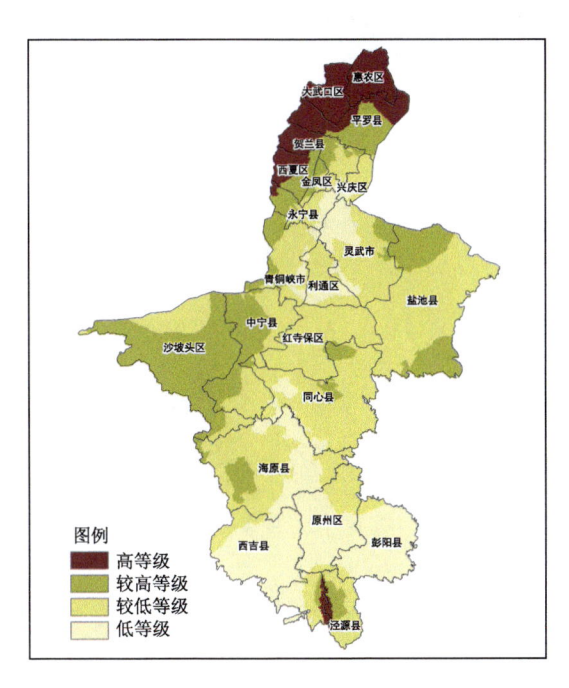

图 7　宁夏大风灾害危险性空间分布

三、宁夏"中国天然氧吧""避暑旅游目的地"国家气候标志品牌创建与宣传情况

"中国天然氧吧""避暑旅游目的地"等国家气候标志品牌创建工作,是深层次地践行"绿水青山就是金山银山"的生态发展理念,对巩固泾源县脱贫攻坚成果、推动乡村振兴、助推生态文明建设有着积极促进作用。近年来宁夏气象局持续推进以创建国家气候标志品牌为切入点,主动承担助推地方经济发展的社会责任。依托南部地区负氧离子含量较丰富等自然生态和天气气候优势,2020—2021年,宁夏气象局积极推动泾源县创建"中国天然氧吧"国家气候标志品牌,开展了负氧离子浓度监测,在连续一年的监测基础上组织编制申报报告,通过中国气象局的评审和现场复核。泾源县成为宁夏首个获得"中国天然氧吧"授牌的地区。

2022年在充分挖掘全区避暑旅游气候资源的基础上,联合固原市和泾源县政府积极申报创建"避暑旅游目的地"品牌。依据《"避暑旅游目的地"评价工作实施细则(试行)》《"避暑旅游目的地"评价技术指南》《"避暑旅游目的地"评估报告编制规范》等,组织编写了六盘山和泾源县"避暑旅游目的地"评估报告,目前已经通过了国家气候中心的初审。

盛夏全国大部地区气温屡创新高,宁夏气温也明显偏高。宁夏气象局针对避暑旅游,综合考虑有利气象条件和不利气象条件,从7月开始滚动发布全区逐日避暑气象指数,联合宁夏文化和旅游厅推出"天语康养避暑系列"品牌,在"宁夏天气"微信、微博推出《避暑气象指数|带你打卡宁夏避暑点》《宁夏避暑攻略带你打卡宁夏避暑点》等原创推文(图8),在抖音和视频号发布《天语康养之看见泾源》《天语康养之遇见泾源》等系列短视频,其中,《天语康养

图8 "带你打卡宁夏避暑点"推文

之避暑胜地》短视频单条播放量达到890.4万次,"宁夏天气"新媒体平台总播放量达到1500余万次,抖音同城话题热度持续排名第一,并被各地方媒体、中国气象报社新媒体、学习强国等平台发布,受到社会公众的广泛关注和打卡(图9)。

图9 康养避暑系列短视频被各平台转载

四、建议

(1)建议深度挖掘开发宁夏避暑等康养旅游资源,继续推进南部负氧离子含量高的区域创建"中国天然氧吧"品牌,全区符合避暑条件的市县、景区积极创建"避暑旅游目的地"品牌。加大品牌宣传力度,提高宁夏避暑旅游知名度,吸引区内外游客,扩大避暑旅游客源市场,持续推动旅游业高质量发展,努力建设大西北旅游目的地、中转站和国际旅游目的地。

(2)建议做好避暑旅游气象灾害安全管理。面对暴雨、雷暴大风等灾害性天气,做好避暑旅游气象灾害安全管理,为游客和旅游从业人员推送贴身的出行气象导航和气象安全防范服务。